"十四五"普通高等教育本科部委级规划教材

工业设计策略与方法

郑 枫 主编

杨 芳 鞠军伟 闫 鹏 副主编

U0216317

中国纺织出版社有限公司

内 容 提 要

本书以介绍产品开发过程中(主要是产品企划和开发过程)的设计方法为主,并阐述了设计理念、设计模型和工业设计师应具备的基本素质及能力,有利于读者加深对设计的理解并建立对设计的系统认知,为读者构建设计理念提供帮助。

本书可作为高等院校工业设计、产品设计及相关专业的教材,也可供从事产品开发的人员以及设计爱好者阅读参考。

图书在版编目（CIP）数据

工业设计策略与方法 / 郑枫主编；杨芳，鞠军伟，闫鹏副主编 . -- 北京 ：中国纺织出版社有限公司，2022.12

"十四五"普通高等教育本科部委级规划教材

ISBN 978-7-5180-9870-5

Ⅰ . ①工… Ⅱ . ①郑… ②杨… ③鞠… ④闫… Ⅲ . ①工业设计-高等学校-教材 Ⅳ . ①TB47

中国版本图书馆 CIP 数据核字（2022）第 172725 号

责任编辑：范雨昕　　责任校对：王蕙莹　　责任印制：王艳丽

中国纺织出版社有限公司出版发行
地址：北京市朝阳区百子湾东里 A407 号楼　邮政编码：100124
销售电话：010—67004422　传真：010—87155801
http://www.c-textilep.com
中国纺织出版社天猫旗舰店
官方微博 http://weibo.com/2119887771
三河市宏盛印务有限公司印刷　各地新华书店经销
2022 年 12 月第 1 版第 1 次印刷
开本：787×1092　1/16　印张：9
字数：155 千字　定价：58.00 元

凡购本书，如有缺页、倒页、脱页，由本社图书营销中心调换

前　言

　　产品是人们因其特有的属性和功能而构想、生产、购买和使用的人工制品。新产品设计是"产品开发"过程中的一部分。一个新产品设计必须要有其功能构想、潜在使用者、生产数量和销售价格等相关信息。产品开发过程可以分为产品企划和产品开发过程两部分。本书主要围绕这两个过程中的设计方法展开。

　　第 1 章总体介绍设计与产品的概念。第 2 章从设计程序中的阶段推演为主线流程，介绍了适用于不同阶段的设计方法。需要注意的是，这些方法不仅适用于当前阶段，还可根据实际情况展开使用。第 3 章主要介绍了作为设计师应具备的基本素质和能力，它们不归于设计过程中的某个特定阶段，而是具有普遍意义的。

　　当今设计领域正在发生翻天覆地的变化，工业设计师也活跃于服务设计和社会经济产品的开发。除产品工程学外，社会行为学也越来越受到重视。许多设计理念、设计方法在此过程中不断涌现。本书是在设计企业的导师参与授课的基础上，结合齐鲁工业大学教师的教学成果编写而成的，希望能够对设计师系统地运用设计方法和提升严谨的思维能力具有启发作用。本教材的出版获得齐鲁工业大学教材建设基金和齐鲁工业大学机械工程学部的资助。

　　本书的第 1 章、第 2 章 2.1~2.2 由齐鲁工业大学郑枫编写，第 2 章 2.3 由齐鲁工业大学鞠军伟编写，第 2 章 2.4 由齐鲁工业大学闫鹏编写，第 3 章由齐鲁工业大学杨芳编写。感谢齐鲁工业大学机械工程学部研究生王世昊、赵子童、吴延坤、李翔宇、侯圣瑞等为本书收集、整理资料所做的工作。

　　由于编者水平有限，书中难免存在疏漏和不妥之处，敬请广大读者批评、指正。

编者
2022 年 7 月

目　录

第1章
设计与产品设计

1.1 产品设计

1.1.1 认识产品及产品设计

产品是人们因其特有的属性和功能而构想、生产、购买和使用的人工制品。产品设计则是为了制造一项产品所必备的发明和企划过程。

当人们以手工制造时，我们现在所谓的产品设计并不存在。在那段时期中，产品是由工匠的双手制作的，他们的制作方式和古老的传统方法并无太多差异，甚至连一张设计图也不需要。

在现代工业时代，一件产品的制造者往往都不是由它的设计者完成。工厂中的产品大都依照开发部门或外部设计公司的设计加以生产制造。产品设计常以技术图纸加以说明。这些图纸包含四种资料：零组件的形状和尺寸、零部件所使用的材料、制造技术和完整产品的装配方式。这些技术性数据结合成所谓的设计。因此，产品设计是发明和描述新产品零部件外形、材料和生产技术的过程。

几乎每一位产品设计师都要绘制图纸，不仅因为制造过程需要将设计书面化，而且也因为图纸是创造设计过程中一项很有帮助的辅助工具。然而，设计绝非仅是绘制图纸而已。最重要的一点是产品设计乃是一种目标导向的思考过程。在此过程当中，问题经过分析，目标被界定和修正，解决方案被提出并经过严格的质量评估。

新产品的设计并不是一项单独的作业方式。它是一个较完整的"产品开发"（product development）过程的一部分。产品开发乃是环绕一项新产品所推动的新商业活动。一件新产品设计必须包括其功能构想、潜在使用者、拟生产数量和销售价格等相关信息。在产品开发中的产品企划阶段（product planning phase），这些问题必须一一被确定。企划阶段的结果是一项新商业活动的构想。其中最重要的一部分

1

是创新的构想。新产品构想可以说是产品设计过程的开端。这个设计程序的最终成果则是一系列的技术资料，即说明有关产品造型和尺寸、材料和制造技术等决策的细节资料。

新商业活动的企划不仅包含新产品设计，还包括制造程序、工厂布置、经销、销售等计划。有时甚至需要整体的生产和销售组织。产品设计与生产和营销计划必须互相配合才能保证新商业活动的成功。

产品开发程序可以分成两部分：产品企划和严谨的开发过程，在产品企划阶段，设计人员寻求适合公司和市场的产品构想。他们的推理方向是由公司的设计目标（产品价值）向前推到能实现产品功能的核心作业，发展产品造型。产品设计实际发生的过程在于严谨的开发过程。在这一过程中，推理的方向是由功能的界定回溯到产品的造型。

在设计一件产品时要考虑许多因素。消费者认为产品是一件可以购买和使用的东西。对于设计工程师而言，产品代表一个可以有效和可靠运作的技术实体系统。对工业设计师而言，产品是一项能在心理层面运作和具有文化价值的物件。生产工程师通常喜欢以大量、快速、成本低廉、正确率高和错误率低的方式制造产品。市场营销人员则认为产品是一件具有附加价值，人们会准备要采购的商品。企业家投资新产品并期望获得丰厚的收获。至于那些不直接相关的人们则以另外其他角度来看待一件产品，有时可能是负面的和不利于生产和使用的观点。

实际上还有许多关于产品的看法，某些共通的要求是必须加以考虑的。因此产品设计需要一种多重专业知识的考虑方式。哪些专业知识需要考虑要视产品的特点而定，但工程设计、工业设计、人体工学、市场营销和革新管理等专业知识几乎都是必备的。

1.1.2　产品生命周期

在一项产品的销售历史过程中，通常可以分为四个典型阶段：导入期、成长期、成熟期和衰退期（图1-1），这几个阶段在销售潜力和利润方面各不相同。任何一项工业产品都不会有永恒的生命周期，最终将在市场中消失，可能由一个较佳的备选案取代，也可能是该项产品的需求已经不复存在了。

产品生命周期现象常伴随另一种现象的出现。每当一项新产品在市场上销售成功时，竞争产品会随之出现，同时往往会造成新产品价格的降低，一旦竞争产品在市场出现时，第一项产品在市场上维持生存的竞争便越来越激烈，越来越困难，直至最后生产和销售产品只有损失而没有利润产生。通常这就是一项产品生命周期的结束，至少对该产品的发行公司是如此。然而，可能在某些特殊情况下（例如廉价劳力、便宜的原料、折旧工厂等），某一产品可能仍然可以生产制造并获利。产品生命周期曲线如图 1-1 所示。

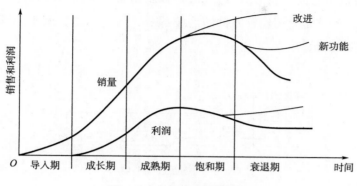

图 1-1　产品生命周期曲线

产品生命周期曲线说明了一项事实：任何一家公司无法在数年后以它目前的产品获取利润。因此，一个公司良好的产品层面应包括各种不同的产品生命周期类别，即公司拥有新进导入期产品、成长期产品、成熟期产品，甚至于衰退期产品（图 1-2）。而且产品范围必须要持续不断地调整，特别是当某些过时的产品不再生产时，应该及时增加新的产品。

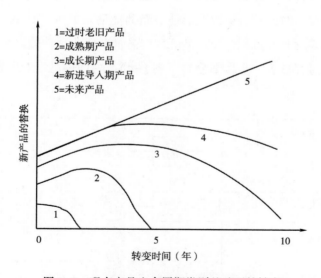

图 1-2　现有产品生命周期类别基础下的转变

1.1.3　产品开发流程

任何公司若想创新，必须要清楚了解他们究竟想要完成哪些目标。他们必须要能为创新设计出良好的构想，有技巧地推演和实现全盘的作业计划。一个公司所要完成的目标可以由它的经营方针（policy）显示出来，实践这些目标时要选择哪些策略（strategy）？这是公司经管方针的后续部分，同时也是较困难的部分。创新过程结构如图1-3所示。

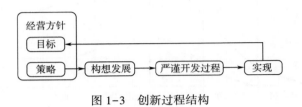

图1-3　创新过程结构

图1-3中的最后一个方块名称为实现阶段，在此阶段中，严谨开发过程中的计划必须被转变成具体的东西。这个阶段包括生产、销售和实际使用过程。

产品市场策略是一项重要策略，须制订出公司所要致力发展的产品种类、目前和将来公司所要针对的市场定位。适当和明晰的方针是下一阶段作业的基础。在某一项产品可以被开发之前，必须有人提出该产品的构想。当人们必须刻意去寻求那些构想时，此阶段称为构想发展阶段。在构想发展阶段，有一两个或更多可行的构想将被提出，并在当时或稍后被改变成适合新商业活动的细节计划。从新产品构想到蓝图，称为严谨的开发过程，而产品开发则是指新商业活动的整个开发程序。

简单的创新过程被进一步详细分类（图1-4），由图中可以看出较高层次和较低层次的阶段名称。

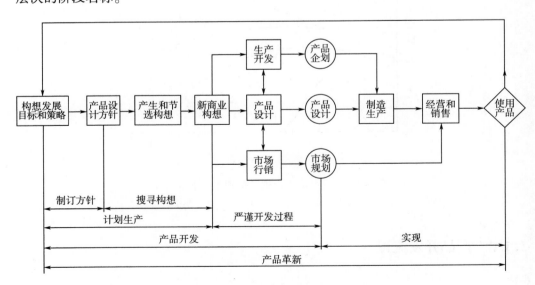

图1-4　创新过程的阶段

在每一项创新过程阶段中，备选案会被提出并加以筛选。这些备选案的产生是一种解析过程（divergent process）：可能性的数量增加。而筛选作业则是一种整合过程（convergent process）：可能性的数量变成一个或少数几个；由此创新过程将持续进展到下一阶段。

1.2 设计与工业设计

设计（design）这一词语所表达的意思各式各样，且大相径庭。它既可以说是一种活动，同时也可以说是一种"风格"。人们觉得现在把"设计"当作形容词来用，则是指一种设计风格，例如"这个东西太有设计感了……"等。"设计"这个词仅以形容词的形式存在，反映出在商业社会，人们对设计概念的不理解。

设计应该是指构思过程和活动，而不是由这个过程带来的结果和产品。

无论设计师本人对要设计的产品是否有经验，他的能力、知识、技能、动力才是项目设计质量的保证。设计并不只是简单的积累知识，更多的是通过理解来创造事物之间的逻辑关系。设计师可以很好地诠释这种关系。

"工业"一词适用于大多数生产活动，同样也适用于设计。工业设计一般是一个团队工作。工业设计师大部分都默默无闻，致力于改善产品用户的生活质量和环境质量，以改变或改进人们的生活方式。

工业设计师经常被看作是"美工"，被认为只是非常会做产品美化。这其实是人们对工业设计师的误解。外观是产品一个非常重要的方面，因为产品外观（外壳）是沟通的介质、情感符号和象征符号以及美学指数的载体。但设计应该介入和贯穿在产品的整个开发过程，而不仅局限于美化上。

现状是产品构思更多地集中在技术层面，而不是在使用创新层面，然而使用创新才是商业成功和用户满意的根本。但糟糕的是，企业常认为产品构思首先是工程师和技术人员的事。

设计这个词有许多不同的意义，由内在形成某种计划到绘图形成式样作为建筑或制造之用，种类繁多，不可胜数。设计师与手工艺者的明显区别在于他不是某种材料、某种技术或某一类产品的专家。本书的设计主要指的是"设计物质产品"这一领域，因此将设计定义为"思考某一物品或系统的构想，并以具体的方式加以表达"。

1.2.1 设计问题

通常在设计初期，新产品的功能必须要先确定。设计的目的在于追求产品合理的几何和物理外观，以便实现事先制定的各项功能。

1.2.1.1 从功能到造型

产品是一种物质系统，它是因为具有其特殊属性才为人们所设计制造。由于这些产品属性，它可以满足某一个或数个功能要求。若产品能实现功能要求，则便能满足使用者的需求，这也使人们有机会了解该项产品的价值。产品通过功能来满足人的需求。设计一款产品，即是将特定的功能赋予恰当的几何形态与物理、化学（材料）特征，以满足预期的需求。因此，设计一款产品的核心是一个推理过程，即从产品的价值出发，对需求、功能和属性，直至最终产品形态和使用条件的推理过程。图1-5即表示了上述关系。

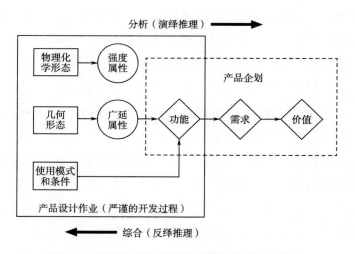

图1-5 产品功能连接产品企划和产品设计作业

要了解产品设计的本质，就必须深入理解此推理过程。产品的功能取决于其形态、使用方式及使用情境。这意味着，如果设计师对产品的几何形态与物理、化学（材料）特征有所了解，那么原则上可预测该产品的各种属性。设计师若能进一步了解产品的使用方式及使用环境，则能预测该产品的功能是否符合预期，人们的需求是否能够实现。这种从产品的形态和使用到产品的功能和需求的推理方式称为"分析"。分析是一个演绎过程，如果这个过程处理得当，则能引导设计师对某些特定的结论做出肯定。然而设计师最熟悉的推理过程往往是从产品的功能推理出形态，即所谓的"综合"——由产品的价值与潜在用户的需求出发，最终得出产品概念的形态特征和使用情景。综合推理并非演绎的过程，而是反绎的过程。综合推理的主要驱动力为创新，在综合推理的过程中可能会产生大量不同的解决方案。

1.2.1.2　产品造型

在产品制造过程中，输入的材料会被转变成输出的材料。显而易见的是，输入材料的几何造型在制造过程中会有所改变，如材料被加工制造。当然也有些制造过程会改变物体的物理和化学造型（一种材料的属性）。例如将某一材料硬化处理，则其物理和化学属性将有所改变。当然材料的尺寸也会有些许变化。在制造过程中，材料的几何造型通常会和其物理和化学造型一起产生变化，但通常设计者并不希望这些变化同时发生。产品在制造程序之后，所必须保持的几何、物理和化学造型乃是产品的设计所在，它们是由设计师构思并已在技术图纸中标明。因此技术图纸包含构成设计的两类表现方式：第一类是有关产品的几何造型，如这个产品有多长；第二类则是有关产品物理和化学造型的说明，如这个产品是由黄铜所制造的。

1.2.1.3　产品属性

由于产品具有特殊的几何、物理和化学造型，它们都有某些属性，例如重量、强度、硬度和颜色等。每一项产品都有许多属性，每一种产品属性都告诉我们，产品在某个环境下以某一种方式使用时可能出现的反应。这些属性的总和说明了产品在某种环境下可被预期的行为模式。

产品属性可分为强度和广延属性。强度属性（intensive properties）只和产品的物理化学造型有关，例如产品的密度。广延属性（extensive properties）则是强度属性和几何造型的加成，例如产品的质量。在设计作业方面，设计师对广延属性较为关切，因为广延属性和产品功能有直接的密切关联性。当设计人员选择使用某一材料，同时也决定了许多强度属性，其中包括好与坏的产品属性。例如钢板硬度大，但沉重又易生锈；铝质地轻且又不易腐蚀，但比较脆弱。设计的艺术便是在既定的强度属性条件下，赋予产品某一个几何造型，使其可以达到某些广延属性的要求。

1.2.1.4　产品功能

产品的功能是产品事先规划的能力，它可以在其所处的环境中发生部分改变。要实现设计目标，设计人员必须改变环境中的某个部分。环境中支配这种变化的自然过程，包括人类本身，必须借助某些产品以某种方式做适当的调整。如果没有这些产品，某些生态过程将以不同的方式进行。例如，咖啡研磨机可以将咖啡豆转变成粉末状的咖啡；椅子可以支撑人们的身体，使人们免于疲惫；而宣传海报则可以提供信息，减少不确定性。

产品功能可以用各种方式加以表达，例如一般的语言、数学公式或是黑箱型（black box）的图表方式（图1-6）。设计实际上常使用最后一种表达形式。不论我们选择哪一种形式，希望达到最终的 S_2 状态。在研磨咖啡豆的例子中，最终状态（S_2）是产生某种颗粒的咖啡粉末，而且研磨机不会过度磨损。假设起始状态是 S_1，它的状态是某种大小和一定数量的咖啡豆、某种能源（人力或电力）、温度等。如果我们把所要完成的作业行为写成叙述类型，可得到一个假设公式：$S_1 \rightarrow S_2$（如果 S_1 成立，则可推论 S_2 或 S_1 映射 S_2）。

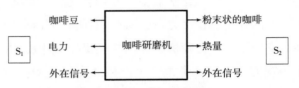

图1-6　以黑箱类型表达的咖啡研磨机的产品功能

与产品属性叙述不同的是，产品功能的叙述是有一定标准的。产品可以有某些属性，或者没有该属性都和使用者的目的不相干。但是产品功能已被限定在产品上，这些功能如果不能被实现，则无法达到人们所预期的目标。

产品功能同时也是一个普通概念，它指的是产品的目的，而且通常是多重的。产品常具有各种功能，例如技术性的、人体工学（ergonomics）的、美学（aesthetic）的、语意学（semantics）的、商业经济的、社会的和其他功能。一个产品功能的细节描述和其产品设计规格有关，这是产品在达到它的目标后所具有的所有属性特点。

1.2.1.5　产品的双重功能

现代的产品有一项重要的特点是产品的生产制造和使用是分开的。因此产品至少必须有两方面的功能。用户购买某项产品是因为该产品可以满足其某些需求，此称为产品的社会经济功能。对于生产者而言，产品必须要能实现其商业经济功能，即要能获利以及其他社会功能，例如提供就业机会等（图1-7）。

产品的商业经济功能通常不会以单一产品为目标，而是一系列相关的产品。产品出产数目的决定和产品设计同样重要。对产品设计师而言，生产的数目通常只是一项数字数据，但就整体产品开发而言，这是新商业活动计划中的一项重要考虑因素。产品设计问题可以概括分成几个阶段：构想产品造型（几何和材料）、操作使

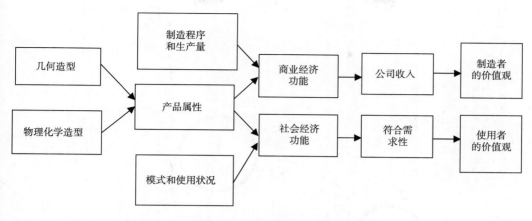

图 1-7　产品的双重功能

用和制造生产。而其生产数目、商业经济功能和社会经济功能，则是产品企划中必须慎重考虑决定的。

　　生产者和使用者有关产品目的的关联性落在产品价值这个点上，而且两者的价值观通常会互相冲突。例如环境的议题便是造成诸多纷争的因素之一。设计人员无法强制他们自己完全符合技术原则，而是达到沟通和协调生产者和使用者的目标。

1.2.2　设计周期

　　基本设计周期的流程模块可以模型表示（图 1-8）。该模型展示了思考、行动和决策的循环过程。设计是一个迭代过程，有时需要以退为进，比如重新回到画板上。时刻在脑海中过几遍基本设计周期，有助于设计师整理自己的想法和设计活动。该模型描述了设计师在解决设计问题的过程中所经历的不同阶段。就理论而言，一个周期已经包含了所有设计活动，但在实际项目中，设计师往往需要反复经历多个周期才能得到最佳方案。这个思考过程是人类与生俱来的，即便是在远古的石器时代，人们生产工具、武器时就已经会使用这样的模式进行思考了。

　　每天早晨在决定要穿什么衣服的时候，大脑也会经历这样的"设计"周期。然而，即便你是经验丰富的职业设计师，一旦忽略了自己在此周期中的位置也很可能陷入困境。理想情况下，从设计问题到解决方案，从抽象到具象，从产品功能到几何形态，设计师会经历一个螺旋状发散周期。

　　在这个迭代的过程中，必要时需要以退为进。将此基本设计周期了然于胸，时常提醒自己，有助于设计师组织自己的想法和设计活动。

9

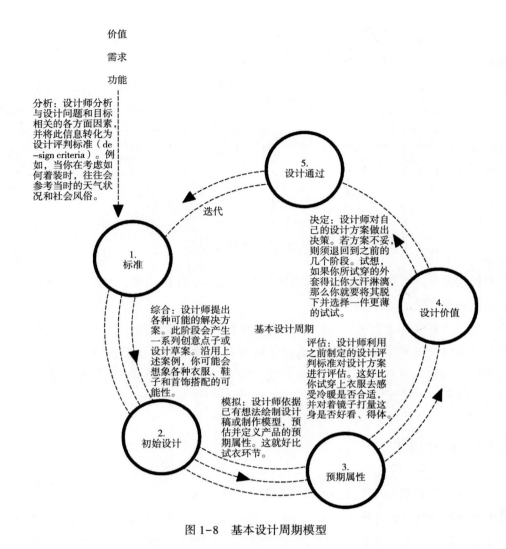

图1-8　基本设计周期模型

1.2.3　设计程序结构

设计行为的核心是由产品功能到产品造型的推理过程。设计过程要怎样安排以获取有效和具有信赖度的结论，是本节的重要内容。设计和产品开发的文献资料有各式各样的设计模式，大致可分为两种不同的设计模式。

第一类是基本设计流程模式。在此模式中设计行为被视为一种特殊的问题解决方式。其中的问题解决过程可以划分成不同步骤，并形成产品设计和开发循环过程中重要的环节。这种实际可见的回路是问题解决的基本模式，也是设计过程的基础。

第二类是产品设计阶段模式。该模式将产品设计视为不同层面抽象概念的具体实现。这些抽象层面响应设计过程中的各项行动表征，例如功能结构，各项问题解决方案和先期概念设计，在产品设计过程中，各项行动表征之间存在一种互动的手段和目的关系，这些互动关系乃是设计过程阶段模式的基础。这种类型的典型代表有 French、Pah1、Beitz 和 VDI 等模式。

基本设计流程模式说明产品设计各个阶段中问题解决过程的逻辑顺序。产品设计阶段模式指出产品设计人员所必须解决的问题和最理想的结果。

1.2.3.1　基本设计流程模式

设计行为是一种特殊的问题解决方式。此处所谓的问题是指某人想要达到某一个目标，而达成此目标的方法并不是一下子就能显现出来的。问题解决是一种思维过程，在此过程中许多方法手段会特意被搜寻出来。

在所有的问题解决模式中，有一种类似的行动流程。DeGroot（1961）将这种模式称为经验程序（empirical cylce）并指出其中的特点如下：

观察—假定—预期—测试—评估

此程序由人员所在的问题状态观察活动开始。经由先前所得到的经验，想象问题解决的各种作业活动假定，并根据问题所在的情况预期这些活动的结果。这些预期的结果将会被进行测试，即所得结果和预期理想结果比较其优劣。设计人员接着会评估所得结果并问他自己："我从过程中学到什么？"以及"在往后的过程中要如何应用此经验？"等问题。

在实际运用此程序时，不同领域有不同的模式。DeGroot（1969）将此经验程序转变成科学上的实证过程：

观察—归纳—演绎—测试—评估

在此过程中，不同的元素名称反映出不同领域的问题，即有关知识或理论性的问题。其中观察表示经验材料和暂时假设（心理归纳过程）的搜寻和组合。归纳阶段代表精确的假设成形过程。演绎则特别指详细和正确的预期推论，这些预期效果多数都会以新的经验材料加以实证测试。评估则是在某一较广泛的情境中诠释测试结果（它们是否能充分支持先期假设？）。

在设计作业过程之中，逻辑推理是由目标（功能性）推展到设计手段（设计主体），如同问题解决模式中有许多备选方案一样，设计作业中有许多手段和方法可以实现预先设定的目标，而且在初期并不能确定哪一种方法最有效。设计在本质上是由一系列经验程序所构成的尝试错误的过程，其中和问题相关的知识和解答，将会以螺旋形的方式持续增加。

我们将基本设计流程（图 1-9）看作是设计作业中最基础的设计模式。任何人若只想解决某一问题，至少都会经历一次这种过程。基本设计同时也是将设计方法和原则分门别类的有效模式。

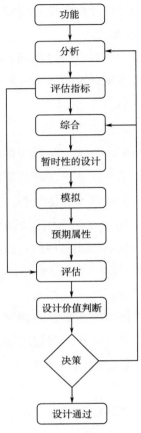

图 1-9　基本设计过程

（1）分析

产品设计的出发点通常都是新产品的功能，也就是说该产品所预期的行为。此处所指的功能不仅包含技术功能，同时也包括产品必须实现的心理、社会、经济和文化功能。这种功能并不需要全部详细列出，但广泛性的功能叙述是必要的，否则设计人员就不知道究竟要设计什么。在产品设计之前要有产品企划阶段，在企划阶段应该产生一个或数个含有功能叙述的产品构想。在分析阶段，设计人员会发展与新产品理念（问题叙述）相关的问题点，并形成所应符合解答的评估指标。这些评估标准刚开始较为广泛粗略，后期则会变得更确实和完整。在先期阶段的问题叙述应该指出问题的委托人、问题所要解决的部分和造成该问题的原因。设计人员也应该知道如果问题不能被排除所造成的后果以及有哪些因素可能会造成干扰。

设计目标是任何一个问题定义的重要成分。在界定一个问题时，我们必须形成一个比目前存在的状态更为有利的未来状况意象。为了能决定稍后提出的解决方案能否实际解答问题，设计目标必须尽可能以具体的条目列出所需条件。这些条目称为设计规范（design specification）。设计规范不可直接由设计问题演绎出来，它是设计委托客户、设计人员和其他相关人员对此一问题的观点。设计规范的制订包括解答方案方向有关的所有决策事项，因此撰写设计规范意义重大。它和设计行为一样，是一种归纳过程。对于相同的一个问题，可能会产生不同但同样优良的设计规范。

（2）综合

基本设计过程的第二个步骤是产生暂时性的设计提案。"综合"这个词的意思是将独立的事物、思想等结合成一个完整的整体。这个步骤之所以如此称呼是因为设计行为、已知材料、组件和元素在空间中的重新组合。但是一个好的设计并不只是将次级问题的解答方案组合在一起，它是一种整合性的解决方式。"综合"是基本设计过程所有阶段中最不具体的，因为人类捉摸难定的创造力在这个阶段扮演最重要的角色。综合阶段是一个很重要的阶段，同时只有在其他设计过程支持配合下才会有良好的效果，这个阶段的结果称为暂时性的设计。

产品构想的产生是一种心理过程，它在基本设计程序中有一定的顺序位置。综合阶段是一项以任意类型（文字语言、草图、工程图、模型等）表达的构想具象化过程。不论其表达方式多么抽象，此类暂时性的设计是模拟和评估的先决条件。通过模拟和评估才能断定暂时性设计是否优良或可行。

（3）模拟

模拟是演绎的子过程。模拟是在产品实际制造和使用之前，通过推理或测试模型形成设计产品的行为和特性的意象。在这里，设计师可以获得一整套技术和行为科学理论、公式、表格和实验研究方法。然而，在实践中，许多模拟仅是以之前经验结论作为基础。模拟借由条件式的预期对新产品的实际属性可以做出较客观的预测。

（4）评估

基本设计过程中的"评估"一词和经验程序中的"测试"一词意义相同。由于预期产品属性和设计规范中理想属性之间一定会有差距存在，设计人员必须判断这些差距是否可以接受。这牵涉到许多产品属性，设计提案在某些产品属性方面表现优越，但其他方面可能比较薄弱，因此判断工作通常并不容易进行。

（5）决策

"决策"就是将设计提案细节加以修正，并遵循这个决策继续（详细说明设计方案）或再次尝试（生成一个更好的设计方案）。通常情况下，第一个临时设计不会成为目标，设计师将不得不回到综合步骤，以便在第 2 次、第 3 次或第 10

次迭代中做得更好。我们也可能回到设计问题和设计规范的条文做部分甚至全盘修正。探索解决方案似乎是深入了解问题真正本质的有力帮助，可能经常想调整、扩展或提升问题的初始构想。因此，设计和设计规范在连续的循环和交互中进一步发展，直到它们相互适应。

图 1-10 显示设计和设计规范之间重复性的螺旋发展。设计过程包括一系列直觉的（归纳的）和推论的（演绎的）步骤。在两者之中永远存在着目前的结果和所期望结果的比较。某一回路过程的经验将回馈到后续回路之中，而且影响层面广大，包括设计提案、问题界定和设计规范等。

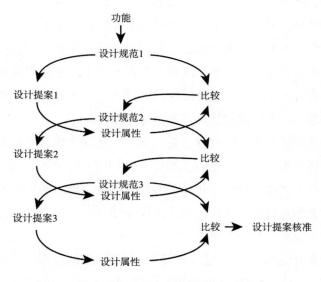

图 1-10　设计过程的重复性结构

1.2.3.2　产品设计阶段模式

基本设计过程和螺旋状的产品开发程序可以发展成设计过程的阶段模式（phase model）。设计过程可以分成不同的相关活动，即设计开发的各个阶段，例如功能设计、功能结构、主要解决方案、概念设计等。这些设计活动相当于图 1-10 图中的设计提案，它们不是同一问题的备选设计提案，而是逐次修正，越来越详细的设计作业活动。在设计过程中，每一个阶段的终点都可视为一个决策点，它是阶段模式中相当重要的部分。在这些决策点上，设计人员会回顾先前所完成的工作，并比较其结果和所定目标是否相符。

一个正在进行的设计行为可以以三种不同的方式存在：

①作为功能结构。这是产品及其部件的预期行为（功能）的表示。

②作为解答原则。它定义了一个产品或其一部分的工作原理或行动方式。它（在通用术语中）规定了产品应该建立的功能载体或"机构"，以实现其内部和外部功能。

③作为一种具象设计。它是对产品及其部件的几何和物理化学形式的描述，通常是一幅图像。

（1）功能结构

在功能结构中（图1-11），产品及其组件和部件用它们的功能表示。它是一种抽象的表示，不涉及系统物理部分的具体形状和材料。功能结构是一种重要的方法论工具，为思考产品的行为模式提供了一种帮助，不会将不成熟的决定强加于其实施。

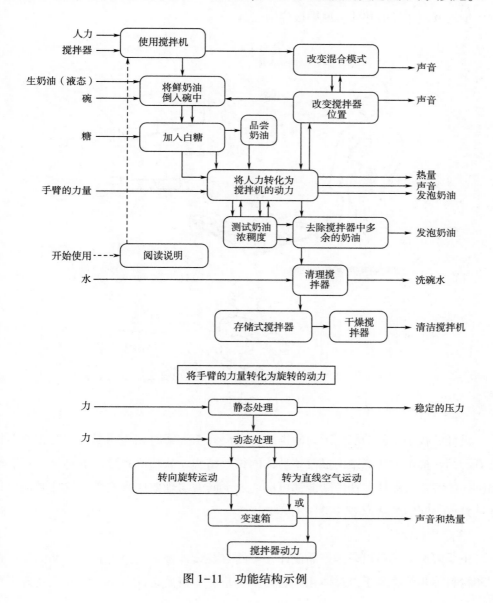

图 1-11　功能结构示例

（2）解答原则

功能结构是物质系统预期行为的模型。它显示了哪些内部功能必须由（尚未具体定义的）元素实现，以便系统作为一个整体能够实现其外部的整体功能。设计师试图通过构想出具体的内部功能部件来实现这种行为。对于每一个部分，它在整体中的地位、精确的几何形状和材料也被确定。解答原则（图1-12）是一个系统或子系统结构的理想（示意图）表示。元素的这些特征关系是定性决定的。然而解答原则已经确立了产品形式的基本特征。正如一个系统的整体功能是许多子功能共同作用的结果，一个产品作为一个整体的解决原则产生于其各部分解决原则的组合。为进一步发展而选择的整体解原则被称为主解。

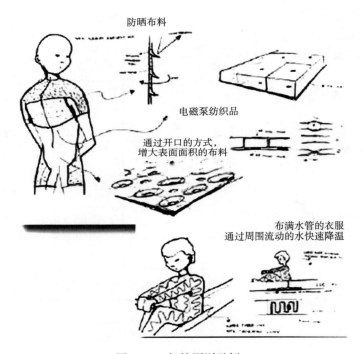

防晒布料

电磁泵纺织品

通过开口的方式，
增大表面面积的布料

布满水管的衣服
通过周围流动的水快速降温

图1-12 解答原则示例

设计的核心是从功能到形式的推理。在设计主方案时尤为明显，因为主方案标志着产品从抽象的功能结构过渡到具体的材料结构。从功能到形式的推理并不能得出唯一的答案。因此，任何功能都可以通过不同的物理效应来实现，这些效应可以被计算成不同的解法原理和整体主解法。

（3）具象设计

主要解决方案可以说是产品设计开发的首要设计提案，因为它将产品的几何造型和材料等相关决策予以具体化。它只不过是一个概要设计方案，只涉及物理可行性。这是一种技术可行性，必须在一定程度上加以解决，然后才能根据非技术标准进行评估。具象化设计主要解决方案的开发（图 1-13）可以被视为一个建立越来越精确描述新产品的过程，尤其是整个产品的结构（零件的排列）、形状、尺寸、材料、表面质量和纹理、所有零件的公差和制造方法。一旦所有设计属性都已明确指定并符合所有要求的细节，产品设计即可投入生产。通常需要考虑许多属性，它们之间的关系十分复杂。因此，将主要解决方案开发为详细的最终设计通常需要在这两个阶段之间进行一些调整。典型的中间阶段是设计概念和初步设计（或草图设计）。

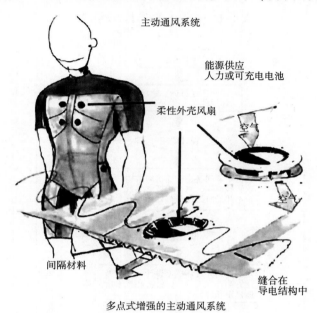

图 1-13　具象设计示例

在设计概念中，解决方案原则已经制订出来，在一定程度上，除了技术物理功能外，还可以评估产品的重要特性，如外观、操作和使用、可制造性和成本。人们还应该对产品及其零件的形状和材料种类有一个广泛的认识。

初步设计是下一阶段，也是最终设计之前的最后阶段。这一阶段的特点是，至少为产品的关键零部件确定了布局、形状和主要尺寸，并确定了材料和制造工艺。

如上所述，设计方案的存在模式使设计师能够阐明他们对设计的想法，并对其进行判断和进一步发展。通常，每个阶段都有或多或少的常用表示形式，如功能结构流程图、解决方案原理图、概念草图、初步设计布局图和最终设计的标准化技术图。这些文件标志着设计开发的一个阶段和设计过程的一个阶段。

（4）阶段设计模式

设计过程模式的发展早在 20 世纪 60 年代初期便已开始。在工程设计领域中，朝向四阶段的阶段模式发展。最广为采用的是 French（图 1-14）以及 Pual 和 Beitz（图 1-15）的模式。在 Pual 和 Beitz 的模式中，包括厘清作业目标、概念设计、设计具体化、细化设计等阶段。这些阶段包括下列各种导向开发的典型作业行为：设计规范、设计概念、先期设计、最终设计、撰写产品书面报告。

图 1-14　French 的设计阶段模式

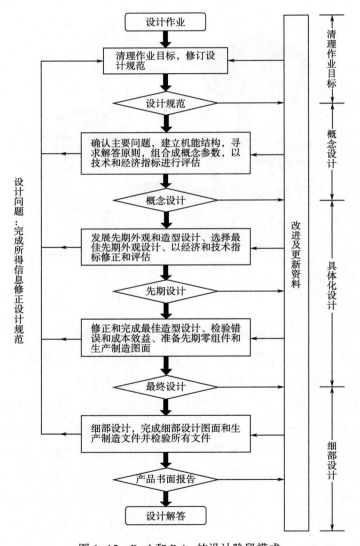

图 1-15　Paul 和 Beitz 的设计阶段模式

（5）厘清作业目标

在此阶段中，由产品企划部门或设计委托客户交过来的设计问题，要进行分析和数据搜集的工作。由这些数据作基础，设计人员要草拟出一份设计规范。设计规范必须界定新产品所需的功能和属性，另外也包括解答和设计过程本身的各项限制，例如各项标准和作业完成期限。

设计规范可以导引设计过程所有其他阶段的设计作业活动。在稍后阶段的作业完成后，设计人员可能会因对问题的了解有所改变而需要新的信息。因此设计规范必须适当加以调整、更新。

（6）概念设计

设计规范确立后，设计人员要构想和评估概略的解答方案，这是具体化设计和细节设计的出发点。这种粗略的解答方案 Paul 和 Beitz 称为"概念"（concepts），而 French 则称为"概要"（schemes）。通常它们都是以图表或草图方式说明。

概念设计阶段首先要决定产品的整体功能、重要次级功能和它们之间的关联性（功能结构），接着要进行解答原则，也称为"工作原则"。功能结构、次级功能或次级问题将被整合成整体性解答方案。此一解答原则的组合称为"主要解答"。主要解答必须对产品功能密切关联的物理技术特点定义清楚。

选择主要解答并不仅限于技术评估指标，同时也要考虑操作使用、外观、生产制造、成本和其他相关评估指标。为达到此目的，主要解答必须发展成概念参数（concept variants），这是具象化设计原则的一部分。

一般而言，概念设计是设计程序中最重要的阶段，此处所做的决定和往后的设计阶段过程有密不可分的关系。一个脆弱的概念绝对不能发展成良好的细化设计。

（7）具体化设计

在此阶段中，所选定的概念被发展成明确的设计。它定义了零组件的组合安排、产品和组件的几何造型、尺寸大小和材料（造型设计）。但是其精确程度却不需要达到所有的细节部分要求。产品的规格和组件的造型，必须发展到产品设计可以依照设计规范的要求加以评估，通常设计人员使用功能模型（working model）或原型（prototype）进行测试评估。

产品组件及其组合与其造型有很强的关联性。与概念设计不同的是，具体化设计包含许多修正过程。分析、综合、模拟和评估会持续地相互交替和互补。因此具体化设计基本上是一个持续性概念，由次级问题转换到另一个次级问题的过程；在设计提案的现有状态下，修正先前的决策作为下一阶段的决策之用。因此要在此一阶段草拟出一个详细的设计作业计划是相当困难的。

在 Pahl 和 Beitz 的阶段模式中，具体化设计分成两个阶段。第一个阶段与先期设计有关，主要功能组件的组合，造型和材料会暂时先做决定。在这个过程中，设计概念同时有好几个具体化设计提案通常会被平行提出，以便寻找最佳的组合方式。在第二个阶段中，最好的先期设计方案将进行修正。有关产品组合和造型的主要决策需要在此决定同时完成功能、使用操作、外观、消费者喜好、可信赖度、制造可行性和成本的测试评估。

具体化设计阶段的成果通常是先期组件表格和表现重要度的比例组合图形。

（8）细化设计

在最后这个阶段中，产品与其组件的几何造型、尺寸、公差、表面材质和材料都必须完全确立，并且要完成组装图形，细部图形和零组件表。也要撰写有关生产制造、组立装配、测试、运输搬运、操作使用和维修的说明。以上这些所有文件都属于产品书面报告（product documents）的范围。

德国工程师协会（VDI）产品开发一般设计方法，如图 1-16 所示。德国工程师协会制定的标准 VDI2221 指南是普遍性的设计方法，可以应用到非常广泛的设计作业，同时也适合特殊的工业领域。其中的范例涵盖机械工程、系统工程、精密工程（机电工程）和软件工程，特别是机械工程设计领域更具密切的关联性。VDI 产品开发过程可分成七个阶段，相对地会有七个结果产生（图 1-16）。

除了被称为"模块结构"（module structure）的第四个阶段之外，德国工程师协会（VDI）设计模式的阶段和结果都可以在 Pahl 和 Beitz 的模式中找到相同的部分。"模块结构"和前述"概念设计"有一点相似，但并不完全相同。它将主要解答进一步分成可具体实现的零组件部分。在开始以更具象的名词定义这些模块时，必须先将它们分门别类确认清楚。这样的分类对复杂产品尤为重要，因为它有助于具体化设计阶段人力的妥善分配。

关于阶段模型的一些讨论：

第一，所有作者都强调设计阶段之间的界限很难严格区分，而且某一阶段不一定就会跟随在另一阶段之后。它们通常是往复式的流程，为了获得最佳设计，设计人员会倒退到先前某一阶段再持续进行设计作业活动。

第二，阶段模式并不一定显示解决问题的过程，即生成和细化设计问题解决方案的过程。在所有阶段中，如果必要的话，设计人员会使用功能模型或原型构想，测试和评估解答方案。换言之，在每一阶段中，设计人员都会完成基本设计过程，通常不止一次。

第三，备选解答案在每一阶段都可产生。如果将所有解答变量都实现，设计人员在所有阶段中将有无数庞大的可能性进行研究。另外，如果设计人员将自己限制在某一种轨道上，那将是非常危险的，因为他将忽略较好或最佳的备选方案。因此

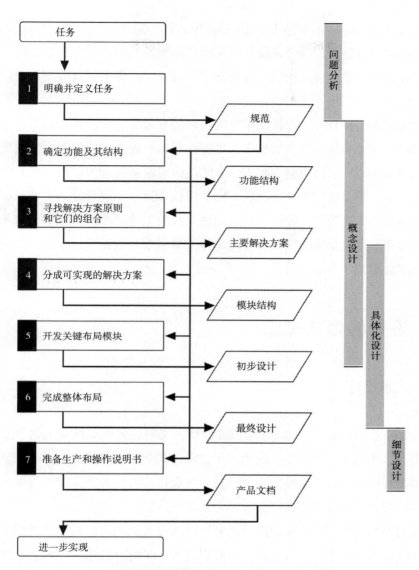

图 1-16　德国工程师协会（VDI）产品开发一般设计方法

设计人员在每一阶段都应同时具有解析和整合的能力。

　　第四，这些模型是在设计新的、创新的技术系统时开发的。因此，他们（过于）关注概念设计阶段，而忽略了具体化设计和细节设计阶段。在实践中，许多设计项目不需要发明新的技术原理，也可以从已知的、经过验证的概念开始。然而，阶段模式在具体实施和细节设计方面的程序建议很少。甚至有人质疑这些阶段是否存在更详细的程序模型（请参阅 1.3.4 的渔网模型）。

　　阶段模型常为人所诟病的是，设计人员在进行实际作业时很少有像阶段模式中所述的行为模式。阶段模式认为设计应该由广泛推演到特殊和由抽象发展到具体程序，以便设计人员有充裕的解答空间。而且阶段模式认为复杂问题应该分解成次级问题，因为次级问题的解答可以综合成设计问题的整体解答。但是有多位学者认为由抽象转变成具体和将问题分解成次级问题是循环的过程，主要要视对前面作业解答的认知而决定。

尽管有诸多不同意见，但设计阶段模式仍具有重要价值，其目的不在于推测设计行为模式，而是提供系统性的程序改进设计行为，使其透明化和更有效率。阶段模式试图将原本直觉、没有辅助和不具系统性的问题解决行为组织成较有效率的理性模式。在阶段模型中，每个阶段的末尾都可以作为一个决策点。这就说明了阶段模型的重要性。在决策点，设计人员应回顾执行的工作，并将获得的结果与项目的目标进行权衡。因此，阶段模型可督促设计人员对项目进行定期评估：拒绝、退回一步，或者继续到下一个阶段。

1.3 设计模型与理念

1.3.1 人本设计

"人本主义"的其中一个宗旨是透过形状、文字、名称及声音去创作一件对人有意义并让人感到亲切的事物。问题在于，设计和制造一件工业产品的方法，就是利用机器的特质和优点，这种方法并不需要配合使用者的要求。一个自动化系统并不需要与人配合，它的主要功能是取代人，而不是帮助人。

究竟机器与机器生产出来的产品如何能够满足人的需要？科技的优势又如何能被应用于完成人力范围以外的工作，而非强迫人为了配合机器的功能去改变自己的工作模式？这是优秀的工业设计师应该一直探索的问题。

工业设计的发展趋势要求设计必须以整体社会需要为前提。工业设计师的知识多元化以及个人经验可以使设计更能满足人的需要。例如，社会上的确需要有更多出众的女设计师。然而相对于男性，女性设计师较少参与工程高科技及工业设计。更多出众的女设计师可以更好地满足社会多元化的需要。

表 1-1　人与机器对比

人	Human	机器	Machine
灵活，但轻巧	Creative, can lie	直接可靠	Simple and honest
有适应能力	Adaptable	没有适应能力	Not adaptable

续表

人	Human	机器	Machine
有变更能力	Changeable	时刻如常	Always the same
对转变有所反应	Concerned about change	对转变并不敏感	Not sensitive to change
模糊	Vague	精确	Accurate
疏忽	Careless	按部就班	Orderly
集中力影响表现	Subject to lapses of concentration	不被骚扰	Cannot be distracted
情绪化	Emotional	非情绪化	Unemotional
并非经常符合逻辑	Not always logical	遵从逻辑	Logical
决策会因环境及情况而变更	Decision-making depends on context and situation	决策不受情况影响	Decision-making contextfree

满足个别需求的产品设计潮流已反映出市场对"个性化"产品的真正需要。这就是"情感化设计"（详见 1.3.3）。

一直以来，"使科技人性化"就是工业设计成为学科专业的重要价值，也是设计师要面对的重要课题。

思考：人工智能对于设计的影响。

1.3.2　通用设计

"通用设计"一词对于很多设计师而言，已经耳熟能详。这个词来自北卡罗来纳州立大学（North Carolina State University）通用设计中心主管 Ron Mace 先生的重要理念。

理论原则如下：

①一件产品应对大多数的人有用。

②产品使用的方法及指引应该简单易懂。即使是缺乏经验及身体机能欠缺的人士也可受惠而不影响使用。

③不同能力的使用者应在没有辅助的环境下仍可使用产品的每一部分。

④这产品在非理想环境下、欠缺集中注意力及错误使用下也不会构成难度及危险，该产品在使用时也不至于疲累。

在日常生活中，我们经常遇到一些有用的产品，但在使用时常令人感到困难。例如单反相机，对于非专业人士来说难度较大；操作说明书太过复杂，难以理解；有时产品上又会有太多细小、不必要的按钮令患有关节炎人士和年长者不能有效使用；按钮上的字样让视力差的人士难以辨别，或一些角度不方便及较暗环境下难以应用，令使用者在使用时不知所措，但这些都不是使用者的过错。

提前为不同人士的需求做出设想，就是设计师的职责。工业设计的目的是创作一些产品对任何使用者而言都是实用、安全、令人满意的。

1.3.3 情感化设计

人类大脑对外界刺激反馈和认知而产生情绪的过程分为本能层、行为层、反思层三个层次（图1-17），这三个层次是递进的关系（图1-18）。

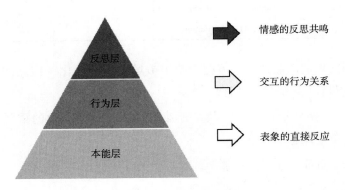

图1-17　人类大脑对外籍刺激反馈和认知的三个层次

图1-18　三个层次的递进关系

本能部分指的是人类先天存在的生物性本能，也可以理解为先天条件反射情绪，几乎适用于所有人的，比如对危险的恐惧、对美好的渴望、生存、自由意志、社交活动、猎奇等一系列本能要求。行为部分指的是日常行为运作，是由情绪引导出的进一步的行为。一般是无意识或下意识的行为。反思部分指的是经由大脑思考得出的理性分析，它往往与一个人的教育程度、个人经历、文化背景有关系。精确把握用户情感的变化过程有助于引导用户行为，建立产品与用户的情感共鸣，设计出具有良好使用体验的产品。

情感化设计在设计过程中是以潜在的情感需求为主要设计原则，是旨在抓住用户注意力、诱发情绪反应，以提高执行特定行为可能性的设计，是一种针对预定的情感需求进行产品设计的系统化方式。通俗来讲，就是设计以某种方式去刺激用户，让其有情感上的波动。通过产品的功能、产品的某些操作行为或者产品本身的某种气质，产生情绪上的唤醒和认同，最终使用户对产品产生某种认知，在其心目中形成独特的定位。

情感化设计可以用于：确定合适的情感效应，搜集达到该情感效应所需的相关用户信息，设想能唤起预期情感效应的设计概念，评估该设计概念可满足多少预期的情感。

日本的长町三生博士提出的"感性工学"也可以理解为"情感化设计"。其对感性工学的定义为："将人对感性、意象上的期望，翻译为物理性的设计要素，予以具体设计的技术。"对以创造"物"为本职的设计师来说，感性工学是一种"将人们所期望的感性或意象予以具体转化为设计要素"的技术；感性工学其实是把握以"顾客导向"为主的市场趋势，应运而生的分析设计技术；主要包括：以人本及心理学角度去收集顾客的感觉和需求，从消费者的感性用语辨识出设计特性，建构感性工学的模式和人机系统，随社会和人们喜好的变迁而机动调整整个系统。

1.3.4　渔网模型

渔网模型（图1-19）能有效地帮助设计师设计有形的产品概念，例如辅助设计师生成概念、开发产品概念、决定产品集合形态等。它形象地展示了综合、发散和归类等一系列过程，仿佛像一张渔网，"捕捉最终解决方案"。

产品目标功能的基础框架与满足这些功能所需的部件确定之后，设计人员即可开始使用渔网模型。运用该方法所得的结果为有形的产品设计概念（草图规划或初步设计）。所谓有形的产品设计概念，即能描绘产品组件如何有效结合为一个整体产品的详细设计方案。该模型的关键之处是在产生产品设计概念的同时完善设计标准。此外，渔网模型还着重强调视觉空间思维，主要通过联想启发和草图探索的手段发散思维，创造新产品概念并同时完善设计标准。在最初阶段，设计标准可以从视觉探索材料和产品使用情境（包含用户、使用方式和使用环境）的分析中提取。然后，通过诸如草图、拼贴画、3D模型等现觉化手段探寻设计的空间。

设计师可以在以下三个有序的层面上探索不同的设计方案，并不断丰富产品的细节和意义。在这三个有序层面探索设计方案时也会产生三种不同类型的产品概念。

（1）从拓扑（topological）层面得出结构概念（structural concept）。

（2）从类型（typological）层面得出正式概念（formal concept）。

（3）从形态（morphological）层面得出有形概念（material concept）。

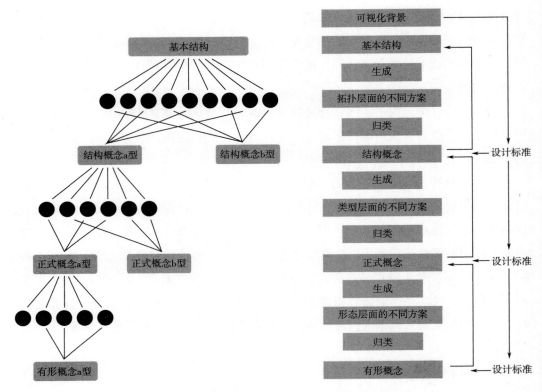

图 1-19　从草图设计到形式创造阶段的渔网模型

可以在上述每一个层面发散出大量不同的设计方案，然后将其归类评估并选出最具前景的设计概念，从而推进到下一个更细化的概念生成阶段。

1.3.4.1　主要流程

（1）建立结构概念

先从定义基本功能零部件入手［零部件（或有序元素），即实现工作原理和使用功能所需的具体技术部件和组件］，然后依据各零部件的空间排列顺序推敲出多种不同的拓扑变化。将所有拓扑变化进行分类，并分别将每个类别的拓扑结构深入发展成为结构概念，例如，开放式结构、压缩式结构或平行结构等。运用该过程中同时建立的初步设计规范选择一个或几个结构概念进一步发展。

（2）建立正式概念

集中关注功能结构的整体形式，并绘制草图表现多种几何形式的可能性。根据结构、零部件的整合性、所需材料等因素，综合评估正式概念 草图的可行性，并将这些概念草图按照形态进行分类。将整理好的不同类型的草图进一步发展成一个或多个正式概念（每个概念代表一种形式类别）。每个概念需展示出其正式的特征和期待的用户反馈，例如，很酷、童趣或好玩等。最后运用该过程中逐步完善的设计规范选择出一个或几个正式概念以便进一步发展。

（3）建立有形概念

寻找详细的方案（涵盖制造、装配等各方面因素），实现上一步所得的一个或几个正式概念，并规范说明实现该概念所需的材料、处理工艺、质感和色彩等。

1.3.4.2　方法的局限性

若在开始阶段能清晰定义功能结构和功能零部件，那么渔网模型在设计过程中极为有用。然而，通常情况下在开始阶段很难清晰定义这两者。因此，是否选择像渔网模型这样系统定义的规范性方法进行设计完全与设计师个人的偏好有关。

1.3.5　VIP 产品设计法则

任何创意人皆可利用 VIP 产品设计法则（vision in product design，简称 VIP 设计法则）深入挖掘其设计或发明背后深层次的预见，例如，"为什么这样设计"或"其存在的理由是什么"。

VIP 设计法则是一种以情境为驱动，以交互为中心的设计方式。它能引导设计师创造出对人们有意义和价值的产品，即有灵魂的设计是能传递创作人（你）的愿景与个性的设计才是真实的设计。产品与我们的社会、日常生活、幸福感息息相关，因此设计师的责任尤为重要。VIP 设计法则为设计师提供了一个特别的视角（社会共同塑造者的角度），循序渐进地引导设计师挖掘产品最真实可靠的设计预想，进而指导设计概念的发展。这里所说的预想，包含在确定使用具体的方法实现设计方案之前，需要明确自己希望为生活在未来世界的人们提供怎样的产品。此方法适用于任何创新活动流程。

VIP 设计法则背后的基本思想：设计总是从选择一组起点或因素、想法、观察、信念或痴迷开始，这些最终将决定要设计的产品。这些起点必须与寻求可能性的领域相关。领域是一个开放的概念，在类型或形式上不受限制，激发了一个开放的过程。一切都可以是一个起点，如人们的行为趋势，社会、技术或文化发展，人类需求的原则以及自然法则等。

如果设计任务如图 1-20 所示，它会自动引用现有的解决方案，那么新流程的第一步就是"解构"。在这一步中，设计师会问自己现有的产品为什么是这样的，从而摆脱先入为主的想法，并以此揭开前一种思路的脉络。要回答这个问题，设计师需要与产品拉开距离，从思考"是什么"转向思考"为什么"。解构阶段有助于从三个方面更广泛地看待产品世界。第一，对 VIP 的描述有三个层次（产品、交互、产品预想），以及这些层次之间的关系。第二，摆脱对某一领域产品的先入之见。第三，在寻找过时或不再有意义的元素时，设计师可以开始感受到设计阶段的新机遇。一旦设计师经历了几次解构阶段，他将能够快速地完成解构，几乎无须思考。事实上，这正是一种思考问题的方式。

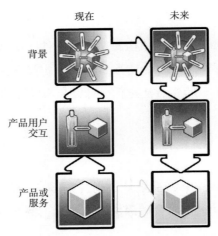

图 1-20　VIP 设计流程：解构阶段（左）和建造阶段（设计）（右）

起点的选择对最终设计有很大的影响，因此应该是设计过程中的第一步。在每个设计过程中，起点都发挥着重要作用。在许多情况下，出发点（隐含的）会自动导向一个设计目标，如"易用性"，而使用也可以是"有趣的""迷人的"或"刺激的"。明确起点的选择后，设计师面临着各种各样的考虑，VIP 设计法则不直接提供这些问题的答案。但首先确保设计师不受惯例或偏见观点的影响，自由做出这些决定。只有这样，设计师才能站在自己产品的角度，为自己的产品承担全部责任。考虑到产品对社会、日常生活的巨大影响，这种责任是必不可少的。

VIP 设计法则的一个显著特点：设计预见的这种语境并不是直接转化为新产品必须体现的产品功能，而是通过用户和产品之间的互动进行转换。产品只是完成适当行动、交互和关系的一种手段。在与人的互动中，产品获得其意义。这就是 VIP 设计法则以互动为中心的原因。在不知道要设计什么产品的情况下，设计师必须将互动的愿景以能够被观看、使用、理解和体验的方式概念化和具象化。当然，这种交互必须从起点开始。

VIP 设计法则在准备阶段和设计阶段有所区别。在准备阶段，需要质疑现有产品、用户与产品的交互以及这些交互所处的环境；在设计阶段，则需要对未来的情境、交互方式和产品进行新的设计。

在展望未来情境时，需要考虑即将面临的各种事项：哪种着手点最有意思？还有哪些点与此相关？哪些事实支持我对未来情境的预测？该如何将自己的动机、兴趣和直觉置入其中？该如何结合客户的意图与市场发展状况？仔细选择并讨论此未来情境中的各个模块，最终描绘出潜藏在设计背后的世界观。

以此世界观进行设计时，设计师需要在"设计声明"中明确自己的立场。该声明不可直接转换为产品，因为产品仅是实现用户行为、交互与关系需求的媒介。产品通过与人的互动才得以实现其真正的意义。因此，应鼓励设计师先从产品与人的交互入手。在未知设计对象的情况下，设计师必须首先设计出产品与人交互的预想概念。这里所指的交互，即人们看到、使用、理解和体验产品的印象。

产品的特征也视设想中用户与产品的交互方式而定，例如，品质特征等。设计声明、交互方式和产品预想三者共同形成设计概念化与实体化的基础。

案例 1：提升航空公司长途航班旅行的舒适性

◎设计预想

（1）对比，让人印象更深刻

如果将一滴墨水滴入清水，它会在有限的时间内形成动态形状。这一刻代表了一个可以被人们记住的令人兴奋的时刻。

（2）乘客体验随重复而改变

①乘客的体验唤醒会不敏感：第一次飞行的体验是非常新鲜和令人兴奋的。但一次又一次的经历，就没有之前那么令人印象深刻了。

②乘客独立性更强。一些经常旅行的人知道如何打发时间。例如：喝酒和睡觉有利于跳过整个飞行体验。

③乘客深刻了解飞机上的情况。重复的飞行经历会让一些乘客了解到飞机上固有的服务"套路"。

（3）主观时间感知

人类大脑对时间的感知是非常主观的。某一时刻的时间速度和长度取决于该时刻发生了什么。从这三个语境因素中，我们得出了一个结论："我想创造一种可以影响人们对时间的主观感知的全新对比。"

◎交互预想

①打破常识、规则和推理。为了形成新的对比，在保证良好管理和安全前提下，交互产生出一些打破常识、规则和推理的新事物。

②激发好奇心。这种交互唯一的目的就是让人们产生好奇。

③寻宝游戏。这种交互不会完全暴露在公众面前。它是隐藏的，只留有一点线索。

④印象深刻。就像清水中的一滴墨汁，交互作用只有在开始时才会被注意到，会在一个人的脑海中创造出一种持久感觉。

◎产品预想

（1）巧妙的幽默

该产品在飞机上制造了一点搞笑的气氛，而不是明显的幽默气氛。

（2）产品是隐藏的

基于"寻宝"和"激起好奇心"的互动视觉，产品几乎是隐藏的。

（3）双层反转

特定的反转情况可能会很有趣，但它太明显了。通过再次反转，它会变得更加神秘和有趣。

◎设计概念

该产品是乘务员可以使用的工具箱。里面有几十个"小玩意"、表演说明、视频内容等。乘务员可以使用任何一种"小玩意"巧妙地创造小幽默。

案例2：微软研究院设计博览会的主题是"人与人"，参赛队伍必须设计出"与沟通有关的产品"（2004年）

◎设计预想

（1）看看现今的交流，我们会发现交流和沟通的方式多样性总体上呈指数级增长，但其准确性却下降了。

（2）在一个我们每周都会收到数百封电子邮件或信息的世界里，一封电子邮件或一条信息有什么价值呢？

（3）在这个过度规范的社会中，人们似乎更难应对不可预测的事件。

（4）给予的快乐。赠送礼物不仅让收到礼物的人感到愉快，也给赠送礼物的人带来欢乐。

（5）收集记忆。人们倾向于寻找物质表征来记忆，例如，你在和最好的朋友度假时发现的那块特别的石头。

设计团队希望设计一种产品，将人们沟通的方式从快速和实用转变为个性化和有价值的。

◎交互预想 & 产品预想

我们将这种交互描述为"永恒交流的纪念品"，其特征是亲密、兴奋、创造力和有限的控制。因此，产品必须是令人惊讶的、可靠的和低保真度的。

◎设计概念

我们提出了一个设计概念，命名为"尤里"。"尤里"允许你用声音创建短的照片序列。把这些"纪念品"留下，让你的朋友发现。你可以设置"纪念品"的区域半径。例如，把它放在你和你的朋友最喜欢的酒吧里的桌子旁边。你会因为给朋友留了某件礼物感到兴奋和喜悦。当你的朋友经过那个区域时他的尤里会发出声音和震动。你的朋友看到并听到你的留言会感到惊喜。在他的"尤里"里看过之后，他把它保存了下来。

发送者和接收者都对信息到达所需的时间有有限的控制。因此，这种交流成为永恒的。这反映了信息的内容：交流从实用和快速转向个人和有价值的。"永恒交流的纪念品"是一种不可预测的礼物，能让发送者和接收者都感到高兴。

第2章
设计方法

2.1 探索与发现

2.1.1 情景映射

情景映射是一种以用户为中心的设计方法，它将用户视为"有经验的专家"，并邀其参与设计过程。用户可以借助一些启发式工具描述自身的使用经历，从而参与到产品设计和服务设计中。

在过去的几十年里，研究人员在设计中的作用已经大幅增加。以前的设计师可以专注于产品内部附加的技术，而现在的设计通常开始于对用户和可用性环境的彻底理解，比如围绕用户和产品之间的交互等。

"情景"定义为使用产品的情景。包括影响产品使用体验的所有因素，例如社会、文化、物理方面以及目标、需求、情感和实际事项等。

"情景映射"表示所获得的信息应该作为设计团队的导引。它帮助设计师找到自己的道路，构建他们的见解，识别风险和机遇。"情景映射"是一种灵感产生方式，而不是一种验证方式。

情景映射帮助设计师从用户的视角将用户的体验转化为理想的设计解决方案。设计师创造了一个未来的愿景，其中应特别注意更深层次的意义。这些层次被认为是长期有效的，可以通过唤起过去的记忆来实现。使用情景映射的方法如下。

2.1.1.1 准备阶段

①定义主题并策划组织各项活动，包括组织参与人员、预约会议场地等。

②绘制一份预先构想的思维导图，并对用户可能出现的思维进行初步研究预测。

③在讨论会前预先给参与者布置任务，以增加他们对讨论主题相关信息的敏感

度。这样做还可以引导参与者细心观察自己的生活并留意使用产品或服务的经验，从而反馈到讨论的主题中。这里可以使用文化探析（cultural probes）方法。

2.1.1.2　进行阶段

①用视频或音频的形式记录整个会议过程。

②通过让用户参与做一些练习或者运用一些激发材料与参与者建立对话。以此向用户提出诸如"你对此（产品或服务）的感受是什么"和"它（产品或服务）对你的意义是什么"之类的问题。并在讨论会结束后及时记录自身的感受。

2.1.1.3　分析阶段

在讨论会后，分析得出的结果，为产品设计寻找可能的模式和方向。为此，可以从记录中引用一些用户的表述，并组织转化成设计语言。通常情况下，需要将参与者的表述进行转化，并归纳为具有丰富视觉表达的情境图以便分析。

2.1.1.4　交流阶段

团队中其他未参加讨论会的成员以及项目中的其他利益相关者交流所获得的情境地图成果。成果的交流十分必要，因为它对产品设计流程中的各个阶段（点子生成、概念发展、产品和服务进一步发展等）均有帮助。即使是在讨论会结束数周以后，当参与者看到运用他们的知识产生的结果时，也会深受启发。

2.1.2　用户观察

通过用户观察，设计师能研究目标用户在特定情境下的行为，深入挖掘用户"真实生活"中的各种现象、相关变量及现象与变量间的关系。

当你对产品使用中的某些现象、相关变量以及现象与变量间的关系一无所知或所知甚少时，用户观察可以助设计师一臂之力。也可以通过它看到用户的"真实生活"。在观察中，会遇到诸多可预见和不可预见的情形。在探索设计问题时，观察可以帮设计师分辨影响交互的不同因素。观察人们的日常生活，能帮助设计师理解什么是好的产品或服务体验，而观察人们与产品原型的交互能帮助设计师改进产品设计。

运用此方法，设计师能更好地理解设计问题，并得出有效可行的概念及其原因。由此得出的大量视觉信息也能辅助设计师更专业地与项目利益相关者交流设计决策。

如果想在毫不干预的情形下对用户进行观察，则需要像角落里的"苍蝇"一样隐蔽，或者也可以采用问答的形式来实现。更细致的研究则需观察者在真实情况中或实验室设定的场景中观察用户对某种情形的反应。视频拍摄是最好的记录手段，当然也不排除其他方式，如拍照片或记笔记。配合使用其他研究方法，可积累更多的原始数据，全方位地分析所有数据并转化为设计语言。例如，用户观察和访谈可以结合使用，设计师能从中更好地理解用户思维。将所有数据整理成图片、笔记等，进行统一的定性分析。

2.1.2.1 主要流程

为了从用户观察中了解设计的可用性。需要进行以下步骤：

①确定研究的内容、对象以及地点（即全部情境）。

②明确观察的标准：时长、费用以及主要设计规范。

③筛选并邀请参与人员。

④准备开始观察。事先确认观察者是否允许进行视频或照片拍摄记录；制作观察表格（包含所有观察事项及访谈问题清单）；做一次模拟观察试验。

⑤实施并执行观察。

⑥分析数据并转录视频（如记录视频中的对话等）。

⑦与项目利益相关者交流并讨论观察结果。

当用户知道自己将被观察时，其行为可能有别于通常情况。然而如果不告知用户而进行观察，就需要考虑道德、伦理等方面的因素。

2.1.2.2 提示

①务必进行一次模拟观察。

②确保刺激物（如模型或产品原型）适合观察，并及时准备好。

③如果要公布观察结果，则需要询问被观察者材料的使用权限，并确保他们的隐私受到保护。

④考虑评分员间的可信度。在项目开始阶段计划好往往比事后再思考来得容易。

⑤考虑好数据处理的方法。

⑥每次观察结束后应及时回顾记录并添加个人感受。

⑦至少让其他利益相关者参与部分分析以加强其与项目的关联性。

⑧观察中最难的是保持开放的心态。切勿只关注已知事项，相反的，要接受更多意料之外的结果。

⑨视频是首要推荐的记录方式。尽管分析视频需要花费大量的时间，但它能提供丰富的视觉素材，并且为反复观察提供了可行性。

2.1.3 用户访谈

设计访谈是设计师与被访谈者面对面地讨论，这能帮助设计师更好地理解消费者对产品或服务的认知、意见、消费动机及行为方式。设计师也能通过访谈从业内专家处收集相关信息。

访谈能深入洞察特殊的现象、特定的情境、特定的问题、常见习惯、极端情形和消费者的偏好等。

为达到不同的目的，在新产品开发过程的不同阶段均可使用用户访谈的方法。在起始阶段，访谈能帮助设计师获得用户对现有产品的评价，获取产品使用情境的信息，甚至是某些特定事项的专业信息。在产品和服务的概念设计阶段，访谈也能用于测试设计方案，以得到详细的用户反馈。这些均有助于设计师选择并改进设计方案。相较于"焦点小组"的方法，用户访谈能更深入地挖掘信息，因为在此过程中设计师能就采访者给出的答案进行二次提问。

在访谈之前，访谈者需准备一份确保在访谈过程中能覆盖所有相关问题的访谈指南。该指南既可以是结构严谨的（如问卷形式的），也可以是根据被采访者的回答自由组织的。建议设计师在实践前先做一次试验性访谈。

访谈的次数取决于设计师是否已经得到所期望的信息。如果设计师认为下一个访谈难以得出更新的信息，则可礼貌地终止访谈。研究表明，在评估消费者需求的调查中，10~15个访谈能够反映80%的需求。

访谈可以结合拼贴画（详见2.2.1）或感觉研究（如记录短篇日记）等方法一同使用，详细内容请参见情境映射（详见2.1.1）。

2.1.3.1 主要流程

①制订访谈指南。访谈指南应涵盖和研究问题相关的各类话题清单。在模拟访谈中测试该指南。

②邀请合适的采访对象。依据项目的具体目标，可能需要选择3~8名被访谈者。

③实施访谈。一个访谈的时长通常为1小时左右，访谈过程中往往需要进行录音记录。

④记录访谈对话具体内容或总结访谈笔记。

⑤分析访谈记录，得出相应结论，并归纳总结。

2.1.3.2　方法的局限性

被采访者可能只能通过自己的直觉回答采访问题。隐藏在背后的知识需要通过其他启发式技术（如情境映射）观察获取，并通过图像或其他刺激激发采访对象说出更多故事。

访谈结果的质量取决于采访者的采访技巧。受限于访谈者的数量。访谈获得的只是定性的结果。如果要取得定量分析的数据，则往往需要采用问卷法。

2.1.3.3　提示

①访谈需要在一个轻松但不会分散彼此注意力的氛围中进行，可以根据需要提供一些茶点。

②用普通的问题开场，如现有产品的使用和体验等，而不要直接展示设计概念。这样才能让被采访者循序渐进地进入使用情境。

③预先合理分配各类话题的时间，确保有足够的时间预留给后面的重要话题。

④如果需要使用视觉材料，如概念设计图，则此效果图的质量也至关重要。首先搞清楚受采访者是否理解问题，或者他们是否有问题想问采访者。

2.1.4　焦点小组

焦点小组方法采取的是集体访谈的形式，目的是通过和小组成员的讨论、交谈，讨论与某个产品或设计问题相关的话题。访谈的参与者主要集中于所开发产品或服务的目标用户群。这种方式的优点在于，研究者常可以从自由讨论中获得意想不到的发现。

焦点小组方法在产品研发流程的多个阶段均可使用。在设计初始阶段，可运用此方法获取产品使用情境的相关信息以及用户对现有产品的反馈意见；在创意产生阶段，则可用此方法测试产品或服务的设计概念。使用焦点小组方法可为设计师提供选择设计方案的依据，也可收集用户对未来产品开发的意见。使用焦点小组方法，能快速找出消费者对某一问题的大致观点以及这些观点背后的深层意义和目标消费群的真实需求。自由讨论容易催生许多意料之外的新发现，这些信息弥足珍贵。如果想更深入地了解其中个别用户，则可继续进行用户访谈（详见 2.1.3）。焦点小组方法也可用于产品设计过程中量化权重的获取。

通常至少进行三次焦点小组的讨论，才能将结果拓展到一般层面。每次讨论需要 6~8 名参与者，一位主持人和一位数据员。主持人至关重要，应优选经验丰富者。在正式开始前，有必要进行一次模拟讨论。访谈可结合拼贴画或感觉研究等方法共同使用，参考情景映射。这个方法也可通过网络在线进行，其结果与目的息息相关。

2.1.4.1 主要流程

①列出一组需要讨论的问题（即讨论指南），包括抽象的话题和具体的提问。

②模拟一次焦点小组讨论，测试并改进步骤①中制订的讨论指南。

③从目标用户群中筛选并邀请参与者。

④进行焦点小组讨论。每次讨论 1.5~2 小时，通常情况下需对过程录像，以便于之后的记录与分析。

⑤分析并汇报焦点小组所获得的发现，展示得出的重要观点，并呈现与每个具体话题相关的信息。

2.1.4.2 方法的局限性

①焦点小组方法不适用于参与者对面前产品一无所知或并不熟悉的状况。

②小组进程对结果可能产生重大影响，例如，其中具备意见领袖特质的参与者可能迫使其他人赞同他的观点。这也是需要优先选择有经验的主持人的原因。

③每次讨论只有少数参与者。如果想将讨论结果推广至一般层面，则需要与其他定量研究方法配合使用，如问卷调查法。

2.1.4.3 提示

①与用户访谈方法相同，采用普通的话题开场，如对现有产品的使用和体验感受等。这样能将参与者循序渐进地带入相关的产品情境。然后提出与新的设计概念相关的问题。在测试新的设计概念时，概念的视觉表达十分重要：先将概念表达清晰，并询问参与者对这些概念是否存在疑问，而后再提出相关的问题。

②仔细计划每个话题所需的时间，从而避免对最后几个话题的讨论过于仓促。往往最后的问题比较重要。在报告中，直接引用参与者原话对所得结果进行描述，这样的表述更有说服力。

2.1.5 问卷调查

问卷调查是有目标对象的意见调查中的一种方法，问卷调查的形式是由一连串列好的小问题组成，然后去访问，收集被访问者的意见、感受、反应及对知识的认识等。

　　问卷调查是以书面提出问题的方式搜集资料的一种研究方法。研究者将所要研究的问题编制成问题表格，以邮寄、当面作答或者追踪访问的方式获得反馈，从而了解被采访者对某一现象或问题的看法和意见，所以又称问题表格法。问卷调查法的运用，关键在于编制问卷，选择被试和结果分析。

　　在产品开发流程的多个阶段均可使用问卷调查法。在设计初始阶段，此方法可用于收集目标用户群对现有产品的使用行为与体验信息。问卷调查也可用于测试产品或服务设计概念，帮助设计师对不同方案进行选择，也可评估消费者对概念的接受程度，也可结合语义差别法进行定量研究。

　　问卷调查的定量研究能帮助设计师获取用户认知、意见、行为发生的频率，以及消费者对某一产品或服务设计概念的感兴趣程度，以帮助设计师确定对产品或服务最感兴趣的目标用户群。

2.1.5.1　问卷调查的分类

　　问卷调查，按照问卷填答者的不同，可分为自填式问卷调查和代填式问卷调查。其中，自填式问卷调查，按照问卷传递方式的不同，又可分为报刊问卷调查、邮政问卷调查和送发问卷调查；代填式问卷调查，按照与被调查者交谈方式的不同，可分为访问问卷调查和电话问卷调查。这几种问卷调查方法的利弊见表 2-1。

表 2-1　问卷调查方法分类及对比

项目	自填式问卷调查			代填式问卷调查	
	报刊问卷	邮政问卷	送发问卷	访问问卷	电话问卷
调查范围	很广	较广	窄	较窄	可广可窄
调查对象	难控制和选择，代表性差	有一定控制和选择，但回复问卷的代表性难以估计	可控制和选择，但过于集中	可控制和选择，代表性较强	可控制和选择，代表性较强
影响回答的因素	无法了解、控制和判断	难以了解、控制和判断	有一定了解、控制和判断	便于了解、控制和判断	不太好了解、控制和判断
回复率	很低	较低	高	高	较高
回答质量	较高	较高	较低	不稳定	很不稳定
投入人力	较少	较少	较少	多	较多
调查费用	较低	较高	较低	高	较高
调查时间	较长	较长	短	较短	较短

问卷中的问题应以项目的研究问题为基础，有效的提问并不是一件简单的事情，问卷的质量决定了最终结果是否有用。在使用问卷调查之前，先仔细斟酌问卷的结构。

2.1.5.2 问卷调查的内容

问卷一般由卷首语、问题与回答方式、编码和其他资料四个部分组成。

（1）卷首语

它是问卷调查的自我介绍，卷首语的内容应该包括：调查的目的、意义和主要内容，选择被调查者的途径和方法，对被调查者的希望和要求，填写问卷的说明，回复问卷的方式和时间，调查的匿名和保密原则以及调查者的名称等。为了能引起被调查者的重视和兴趣，争取他们的合作和支持，卷首语的语气要谦虚、诚恳、平易近人，文字要简明、通俗、有可读性。卷首语一般放在问卷第一页的上面，也可单独作为一封信放在问卷的前面。

（2）问题与回答方式

它是问卷的主要组成部分，一般包括调查询问的问题、回答问题的方式以及对回答方式的指导和说明等。

（3）编码

编码就是把问卷中询问的问题和被调查者的回答全部转变成为代号和数字，以便运用电子计算机对调查问卷进行数据处理。

（4）其他资料

其他资料包括问卷名称、被调查者的地址或单位（可以是编号）、调查员姓名、调查开始时间和结束时间、调查完成情况、审核员姓名和审核意见等。这些资料是对问卷进行审核和分析的重要依据。

此外，有的自填式问卷还有一个结束语。结束语可以是简短的几句话，对被调查者的合作表示真诚的感谢，也可稍长一点，顺便征询一下对问卷设计和问卷调查的意见和建议。

2.1.5.3 问卷问题的种类、结构和设计原则

（1）设计问题的种类

问卷中要询问的问题，大体上可分为以下四类：

①背景性问题，主要包括被调查者个人的基本情况。

②客观性问题，主要包括已经发生和正在发生的各种事实和行为的问题。

③主观性问题，主要包括人们的思想、感情、态度、愿望等一切主观世界状况

方面的问题。

④检验性问题，为检验回答是否真实、准确而设计的问题。

（2）设计问题的结构

①按问题的性质或类别排列，而不要把性质或类别的问题混杂在一起。

②按问题的复杂程度或困难程度排列。

③按问题的时间顺序排列。

（3）设计问题的原则

要提高问卷回复率、有效率和回答质量，设计问题应遵循以下原则：

①客观性原则，即设计的问题必须符合客观实际情况。

②必要性原则，即必须围绕调查课题和研究假设设计最必要的问题。

③可能性原则，即必须符合被调查者回答问题的能力。凡是超越被调查者理解能力、记忆能力、计算能力、回答能力的问题，都不应该提出。

④自愿性原则，即必须考虑被调查者是否自愿真实回答问题。凡被调查者不可能自愿真实回答的问题，都不应该正面提出。

（4）问题的表述

问题表述的原则如下：

①具体性原则，即问题的内容要具体，不要提抽象、笼统的问题。

②单一性原则，即问题的内容要单一，不要把两个或两个以上的问题合在一起提。

③通俗性原则，即表述问题的语言要通俗，不要使用被调查者感到陌生的语言，特别是不要使用过于专业化的术语。

④准确性原则，即表述问题的语言要准确，不要使用模棱两可、含混不清或容易产生歧义的语言或概念。

⑤简明性原则，即表述问题的语言应该尽可能简单明确，不要冗长。

⑥客观性原则，即表述问题的态度要客观，不要有诱导性或倾向性的语言。

⑦非否定性原则，即要避免使用否定句形式表述问题。

（5）特殊问题的表述方式

①释疑法，即在问题前面写一段消除疑虑的功能性文字。

②假定性，即用一个假言判断作为问题的前提，然后询问被调查者的看法。

③转移法，即把回答问题的人转移到别人身上，然后请被调查者对别人的回答做出评价。

④模糊法，即对某些敏感问题设计出一些比较模糊的答案，以便被调查者做出真实的回答。

2.1.5.4 问题回答的类型和方式

问题的回答有三种基本类型，即开放型回答、封闭型回答和混合型回答。

（1）开放型回答

开放型回答是指对问题的回答不提供任何具体答案，而由被调查者自由填写。开放型回答的最大优点是灵活性大、适应性强，特别是适合于回答那些答案类型很多、或答案比较复杂、或事先无法确定各种可能答案的问题。同时，它有利于发挥被调查者的主动性和创造性，使他们能够自由表达意见。一般来说，开放型回答比封闭型回答能提供更多的信息，有时还会发现一些超出预料的、具有启发性的回答。开放型回答的缺点是：回答的标准化程度低，整理和分析比较困难，会出现许多一般化的、不准确的、无价值的信息。同时，它要求被调查者有较强的文字表达能力，而且要花费较多填写时间。这样，就有可能降低问卷的回复率和有效率。

（2）封闭型回答

封闭型回答是指将问题的几种主要答案，甚至一切可能的答案全部列出，然后由被调查者从中选取一种或几种答案作为自己的回答，而不能作这些答案之外的回答。封闭性回答，一般都要对回答方式做某些指导或说明，这些指导或说明大多附在有关问题的后面。

封闭型回答的方式多种多样，其中常用的有以下几种：

①填空式，即在问题后面的横线上或括号内填写答案的回答方式。

②两项式，即只有两种答案可供选择的回答方式。

③列举式，即在问题后面设计若干条填写答案的横线，由被调查者自己列举答案的回答方式。

④选择式，即列出多种答案，由被调查者自由选择一项或多项的回答方式。

⑤顺序式，即列出若干种答案，由被调查者给各种答案排列先后顺序的回答方式。

⑥等级式，即列出不同等级的答案，由被调查者根据自己的意见或感受选择答案的回答方式。

⑦矩阵式，即将同类的几个问题和答案排列成一个矩阵，由被调查者对比着进行回答的方式。

⑧表格式，即将同类的几个问题和答案列成一个表格，由被调查者回答的方式。

封闭型回答有许多优点，它的答案是预先设计的、标准化的，它不仅有利于被调查者正确理解和回答问题，节约回答时间，提高问卷的回复率和有效率，而且有利于对回答进行统计和定量研究。封闭型回答还有利于询问一些敏感问题，被调查者对这类问题往往不愿写出自己的看法，但对已有的答案却有可能进行真实的选择。封闭型回答的缺点是：设计比较困难，特别是一些比较复杂的、答案很多或不太清楚的问题，很难设计得完整、周全，一旦设计有缺陷，被调查者就无法正确回答问题；它的回答方式比较机械，没有弹性，难以适应复杂的情况，难以发挥被调查者的主观能动性；它的填写比较容易，被调查者可能对自己不懂，甚至根本不了解的问题任意填写，从而降低回答的真实性和可靠性。

（3）混合型回答

混合型回答是指封闭型回答与开放型回答的结合，它实质上是半封闭、半开放的回答类型。这种回答方式，综合了开放型回答和封闭型回答的优点，同时避免了两者的缺点，具有非常广泛的用途。

答案的设计应遵循以下原则

①相关性原则，即设计的答案必须与询问问题具有相关关系。

②同层性原则，即设计的答案必须具有相同层次的关系。

③完整性原则，即设计的答案应该尽可能包括主要的答案。

④互斥性原则，即设计的答案必须是互相排斥的。

⑤可能性原则，即设计的答案必须是被调查者能够回答，也愿意回答的。

2.1.5.5　主要流程

①依据需要研究的问题确定问卷调查的话题。

②选择每个问题的回答方式，例如，封闭式、开放式或混合式。

③制订问卷中的问题。

④合理、清晰布局问卷，决定问题的先后顺序并归类。

⑤测试并改进问卷。

⑥依据不同的话题邀请合适的调查对象：随机取样或有目的地选择调查对象（如熟悉该话题的人群也分不同年龄与性别等）。

⑦运用统计数据展示调查结果以及被测试问题与变量之间的关系。

2.1.5.6　方法的局限性

问卷调查过程局限于问卷本身，调查者往往不理解被调查者对某些问题更深刻的理解和认识，特别是对一些很重要的动机、思想、观念、价值等问题。实际的调查过程中，调查者也难以发挥主动性。

①使用问卷调查法不能得到用户潜意识或情感化的信息。

②调研结果的质量与问卷质量密不可分。往往问卷越长，回答问卷者越少。

③设计师常批判问卷调查的结果太抽象。例如，定性研究方法更适合引起受访者的共鸣并发掘深刻见解，而要确定某种价值或需求是否普遍，定量研究数据是必不可少的。

2.1.5.7 提示

①首先审视此问卷是否涵盖要研究的问题，是不是每个提问都必不可少。

②可以用问卷调查法搜集定性的数据。有时，使用样本量少却包含需要深入回答的开放型问题的问卷所得结果比使用大量样本所得结果的效果更佳。

③多数问卷很难获得足够的答复样本。因此，需要结合视觉材料将问卷设置得生动有趣，例如，在线问卷能为此提供多种可能性。

④在测试一个或多个概念时，这些概念的表达至关重要。请务必在分发问卷前测试概念是否表达得清晰。

2.1.6 思维导图

思维导图是一种视觉表达形式，展示了围绕同一主题的发散思维与创意之间的相互联系。主要是借助可视化手段促进灵感的产生和创造性思维的形成。思维导图根据人类大脑的思维特征，通过带顺序标号的树状结构来呈现一个思维过程，将放射性思考（radiant thinking）具体化的过程。

大多数人都是视觉导向的，通过运用结构、关键字、颜色、图像、超链接（以及声音），将外部概念引入人们的思维和生活。简而言之，思维导图就是将中心概念与关联概念连接起来的一种方法。不同于直线性思考方法，思维导图通过训练运用全脑思考来刺激人们的想象力和创造力。因此，它被认为是全面调动分析能力和创造能力的一种思考方法。产生好的思维导图的一些注意事项如下：

①将主要概念、想法放置于图的中心位置，最好用图片来表示。

②尽量使用大空间，以便稍后你有足够的空间添加其他内容。

③可以使用不同的颜色和大写字母，个性化自己的思维导图。

④在思维导图上寻找、发现关系。

⑤为次级主体建立次级中心。

2.1.6.1 主要流程

①将主题的名称或描述写在空白纸张的中央，并将重点突出出来。

②对该主题的每个方面进行头脑风暴。

③根据需要在主线上增加分支。

④使用一些额外的视觉技巧。例如，用不同的颜色标记几条思维主干，用圆形标记关键词语或者出现频率较高的想法，用线条连接相似的想法等。

⑤研究思维导图，从中找出各个想法相互间的关系，并提出解决方案。在此基础上，根据需要重新组织并绘制一幅新的思维导图。

2.1.6.2 方法的局限性

思维导图是对某个设计项目或主题的主观看法，本质上是个人脑海中的思考路径。此方法在设计师独立作业时十分有效，也适用于小型团队作业，但在团队项目中思维导图的作者需要对其提供额外的注释说明。

2.1.6.3 提示

①可以借助计算机软件完成思维导图，例如 iMindMap、Freemind、xmind 等。但使用软件绘制思维导图可能会对设计师的思维有限制且不利于团队交流，相比之下，用不同的色彩徒手绘制思维导图可以更加自由，也能让画面更具个性。

②使用图形、色彩、照片等各种手段将导图绘制得更美观。

③在设计过程中可以在已绘制的思维导图上不停地添加元素和想法。

④注意区分不同类型的元素，并且为不同元素之间预留空间。

⑤使用简短的语言描述头脑中想法，切勿烦冗表述。

2.1.7 功能分析

功能分析是一种分析现有产品或概念产品功能结构的方法。它可以帮助设计师分析产品的预定功能，并将功能和与之相关的各个零部件相联系。成功的功能分析可以帮助设计师寻找新的设计创意，从而在新的产品或设计概念中具体实现特定的功能。

功能分析通常运用在产生创意的起始阶段。产品功能是"产品应该做什么"的抽象表达。在分析过程中，设计师需要将产品或设计概念通过功能和子功能的形式进行描述，此时通常会忽略产品的物质特性（如形状、尺寸和材料）。其目的是将有限的基本功能进一步抽象化，从而建立起产品功能体系。如此强制性的抽象思考可以激发出设计师更强的创造力，同时能避免设计师直接寻找解决方案，即直接利用大脑中的第一反应得到解决方案，但设计师的第一反应多半不是最好的。

功能分析强制性地拉远设计师与已知产品和部件之间的距离，以便设计师能专注地思考以下问题：新的产品需要实现什么功能？怎样才能实现？据此，设计师会更容易找到创造性的突破并得出许多非传统性的解决方案。

在功能分析中，产品被视为一个包含主功能及子功能的科技物理系统。设计师可以通过选择合理的部件形式、材料及结构来实现产品功能。

功能分析秉承这样的原则：首先确定产品应该具备哪些主要功能，然后推断出该产品所需的各部件应承载哪些子功能。

开发产品功能体系的过程是个循环迭代的过程，在实践中，可以从分析现有产品入手，或从绘制解决方案大纲草案入手。

2.1.7.1　主要流程

①用"黑盒子"的形式描绘产品的主要功能。如果还不能确定产品的主要功能可以先跳至下一步。

②列出产品子功能清单。可以从流程树入手。

③面对复杂的产品，设计师可能需要理清产品功能结构图。整理结构时可以遵循以下三个原则：按时间顺序排列所有功能，联系各个功能所需的输入和输出，将功能按不同等级进行归纳。

④整理并描绘功能结构：补充并添加一些容易被忽略的"辅助"功能，并推测该功能结构的各种变化，最终选定最佳的功能结构。

功能结构的变化样式可以依据以下变量推测：产品系统界限的改变，子功能顺序的变换，拆分或合并其中的某些功能等。

2.1.7.2　提示

①功能通常用一个行为（动词）加一个对象（名词）的方式来描述。例如，搅拌机的主要功能——切割和混合材料。

②正确理解产品功能并选用合适的描述词汇。例如："快速行驶"并不是汽车的本质功能，如何行使是由司机决定的。"快速"在此是一个副词。"能使司机快速行驶"这样的表述用来描绘汽车的功能显得更贴切。

③如果已经得出一个产品的功能结构，建议在此基础上衍生出多种功能结构的变式。

④有些子功能几乎遍及所有设计问题，因此掌握好一些基本功能元素的知识有助于设计师快速找到产品的特定功能。

⑤块状框架图的排列应遵循便利的原则，可用简单的信息图标辅助表达；

分不同的功能类别，如常用功能、辅助功能、多余功能、预防功能以及技术功能等。

⑥使用视觉化图形来表达。

2.1.8　SWOT 分析

SWOT 分析（图 2-1）是对企业内外部条件各方面内容进行综合和概括，进而分析组织的优劣势、面临的机会和威胁的一种方法。通过 SWOT 分析，可以帮助企业把资源和行动聚集在自己的强项和有最多机会的地方。主要作用是决定公司新产品研发的方向。

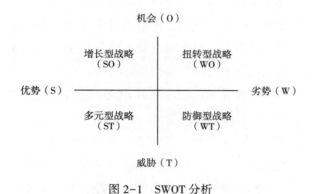

图 2-1　SWOT 分析

SWOT 分析通常在创新流程的早期使用。分析所得结果可以用于生成"搜寻领域"。S（strengths）是优势、W（weaknesses）是劣势、O（opportunities）是机会、T（threats）是威胁。SWOT 分析，是基于内外部竞争下的态势分析，从而推导出一个产品的完整战略，战略应是一个企业"能够做的"（即组织的强项和弱项）和"可能做的"（即环境的机会和威胁）之间的有机组合。外部分析（OT）的目的在于了解企业及其竞争者在市场中的相对位置，从而帮助进一步理解公司的内部分析（SW）。SWOT 分析所得结果为一组信息表格，用于生成产品创新流程中所需的搜寻领域。

从 SWOT 的表格结构可以发现，这是一种直观的方法，具有简单快捷的特点。但是，SWOT 分析的质量取决于设计师对内外部等不同因素的理解深度，因此和一个具有多学科交叉背景的团队合作是十分有必要的。

在执行外部分析时，要注意内容的全面性，使用分析清单提出相关问题。外部分析获得的结果可以帮助设计师全面了解当前市场、用户、竞争对手、竞争产品或服务，分析公司在市场中的机会以及潜在的威胁。

在进行内部分析时，要全面了解公司在当前商业背景下的优势与劣势，以及和竞争对手之间的优势与不足。内部分析的结果可以明显地反映出公司的优劣势，能够找到符合公司核心竞争力的创新类型，从而提高企业在市场中取得成功的概率。

主要流程如下：

①确定商业竞争环境的范围，定位企业所属的行业。

②进行外部分析。可以通过回答例如以下问题进行分析：当前市场环境中重要的趋势是什么？人们的需求是什么？人们对当前产品有什么不满？当下流行的社会文化和经济趋势是什么？竞争对手的发力点在哪里？结合供应商、经销商以及学术机构分析，整个行业链的发展有什么趋势？可以运用分析清单来做一个全面的分析。

③列出公司的优势和劣势清单，对当前市场和竞争对手逐条评估。最重要的是找出公司本身的竞争优势及核心竞争力，不要太过于关注自身劣势。因为我们要寻找的是市场机会而不是市场阻力。设计目标确定后，如果公司的劣势会成为制约该项目的瓶颈，就需要投入精力来解决自身存在的问题。

④将 SWOT 分析所得结果完整清晰地制成 SWOT 分析表格，与团队成员和决策者及其他相关者交流成果进行探讨。

使用 SWOT 方法的初衷在于分析。与很多其他的战略模型一样，SWOT 模型带有时代的局限性。以前的企业可能比较关注成本、质量，现在的企业可能更强调组织流程。这就要看，你要的是以机会为主的成长策略，还是要以能力为主的成长策略。SWOT 没有考虑到企业改变现状的主动性，企业是可以通过寻找新的资源来创造企业所需要的优势，从而达到过去无法达成的战略目标。

利用 SWOT 分析得出优势与机会，将它们放在一个矩阵中寻找可能的关系（图 2-2）。优势与机会的结合能引导设计师发现搜寻领域。经过发散思考，尽可能多地得出搜寻领域，并选择针对当前项目自己最感兴趣的几个领域。选择的标准为该搜寻领域能否帮助企业增加市场份额、增长企业的商业业务或是否对企业长期战略发展有贡献作用。最终确定最有前景的搜寻领域，并总结成一个设计大纲。这个从普遍的搜寻领域自上而下推理出具体产品创意的过程，也可以逆向使用，即自下而上推理。例如，如果在头脑风暴中已经想到许多产品创意，那么接下来就要评估这些创意的竞争优势。

搜寻领域方法的关键在于设计团队如何产生创造性的想法。有时也许只能想出极其有限的一点改进，有时也可能会产生颠覆性的想法从而为企业创造极高的商业价值。

优势—机会（SO）组合只是从两个维度上寻找搜寻领域，但现实中的搜寻领域

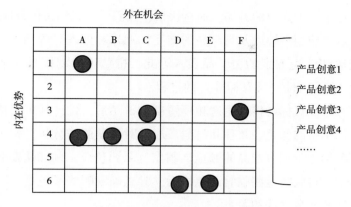

图 2-2　SWOT 优势与机会矩阵

往往是多维的。可以尝试思考更多不同的搜寻矩阵，不要将目光仅限于一个固定的搜寻领域，也不要将所有内容都强加于某一特定的搜寻领域。

2.2　定义设计目标

2.2.1　拼贴画

拼贴是以不同的形式将材料和来源组合在一起，形成一个新的、整体的视觉表现。拼贴画可能包括剪报、彩带、彩纸、其他艺术品的部分、照片等，粘在一个坚实的支撑物或画布上的东西。拼贴是设计过程中一项重要的可视化技术，仅次于设计图和三维建模。

通过拼贴的方式，可以用可视化的方式展示产品使用情境、产品用户群或产品品类。可以帮助设计师完善视觉化的设计标准，并与项目其他利益相关者交流沟通该设计标准。

拼贴的使用在设计过程中有不同的目的，通常用于设计流程的初始阶段。拼贴是非常适合呈现一个特定的氛围或背景用于捕捉新产品的想法和概念。此外，拼贴有助于确定和分析产品将被使用的背景。作为一个设计师，你必须考虑产品将成为一部分的环境，即用户、使用和使用环境。制作拼贴画有助于识别现有的或新的背景。在寻找图片的过程中，设计师的视觉情绪将渐入佳境。通过判别图片是否适用于拼贴画，设计师可以逐渐找到设计过程中所需的感觉。在制作拼贴画的过程和讨论拼贴画是否符合设计情境的过程中，设计师能得到设计灵感。

分析拼贴画有助于确定解决方案必须适用的标准（设计要求）。这类标准也为创意的产生设定了一个大致的方向。通过拼贴，我们可以找到目标群体的生活方式、产品的视觉外观、使用环境以及与产品的交互（动作和处理）等标准。通过这些标准可以评估想法和解决方案的美学品质。因此，拼贴画的创作是一个兼具创造性（设计拼贴画）和分析性（推导标准）的过程。

在为设计背景、目标群体、用途和环境制作拼贴后，设计师可以使用这些图像来定义一些特征类型的颜色、纹理和材料。通过对拼贴画的分析，你可以确定环境颜色、首选颜色和用于现有产品的颜色。制作一个调色板，例如从期刊、色彩指南或计算机上剪切。在收集这些临时调色板后，尝试确定哪些颜色是主要颜色和重点颜色，并确定这些颜色之间的关系。

抽象拼贴画是将图像撕毁，将图像相互粘贴，涂上直边或有机撕裂边。抽象拼贴画没有图像的现实意义，在色彩和构图上包含抽象层面的意义。具象拼贴画是利用拼贴画中所使用的原始图片拼贴形成拼贴画。各类类型的图像被用来创造一个新的图像，这个图像本身就有了新的意象。

图像板和情绪板是源自市场营销和消费者研究等学科的拼贴画。图像板和情绪板是拼贴画，展示了预期用户及其生活方式。情绪板展示了用户典型的生活方式元素，如品牌、休闲活动和产品类型偏好以及他们的梦想和愿望。

制作拼贴画的出发点是确定拼贴画的用途。拼贴想要展示什么：用户的生活方式、互动背景，还是类似的产品？其次，重要的是要确定拼贴将如何使用：在设计项目中，拼贴是作为一种产生标准的手段，还是将用于传达设计愿景？

拼贴画的结果是问题背景的一个方面的可视化，例如用户的生活方式，互动的背景或产品类别。拼贴也可以是一个设计愿景的可视化（参见本节的"设计愿景"）。此外，标准可以从服务于设计过程的拼贴中得到。

2.2.1.1　主要流程

①确定哪些期刊（网站）或图像将产生最合适的材料。某些期刊（网站）已经专注于特定的目标群体或生活方式，好好利用这些信息，直观地收集尽可能多的原始图像（整个页面）

②将涉及目标群体、环境、行动、产品、颜色、材料等的图像组合在一起。同时，根据可用和不太可用的图片进行选择，但不要随意丢弃任何素材。

③认真对待每一个拼贴画。思考它会对你想要传达的图片有什么影响（正式的或者非正式的、商务的、有趣的、纵向的还是横向的)？

④尝试用小草图的方式来确定构图的结构，注意线条和轴线的创造。描述结果，并说明它们是否与设计最初的愿景或画面相符合。

⑤考虑图像的处理（剪、撕）会对整个画面产生什么影响？有背景颜色？还是用拼贴图像完全充满？

⑥考虑哪些图像放置在前景或背景？考虑图像的大小和与隐藏愿景的关系。

⑦确定哪些结果在合并或分离可用图片时起作用？

⑧用你所能使用的方法制作一个临时的拼贴画。

⑨评估整体情况——是否大部分特征都得到体现？

⑩一旦图片包含了大部分的特征，符合设计期望，并且它们是可识别的，可进行粘贴、拼贴。

⑪如果图片不可识别，试着找出哪些部分引起了冲突的画面：意象（目标群体，产品等）、材料的数量、方向、关系、构图结构、前景或背景、材料的处理、分离或整合等。

2.2.1.2　颜色

①对于每个配色板进行设计，确定主要颜色和强调颜色的色调、明度、饱和度。

②当设计师在审视自己的拼贴画时，请回答以下问题：产品在它的环境中是否显眼？产品必须与现有产品对应或对比吗？产品必须符合目标群体所喜欢的颜色吗？

③根据这些问题的答案来决定最终的配色设计。

2.2.2　用户画像

用户画像，又称"人物志"，用于分析目标用户的原型，描述并勾画用户行为、价值观以及需求。用户画像有助于设计师在设计项目中体会并交流现实生活中用户的行为、价值观和需求。

用户调研完成后，可使用用户画像方法总结交流你所得的结论。在产品概念设计过程中或与团队成员及其他利益相关者讨论设计概念时可使用用户画像。该方法能帮助设计师持续性地分享对用户价值观和需求的理解和体会。

首先，通过定性研究、情境地图、用户访谈、用户观察等方法收集与目标用户相关的信息。并在此基础上，建立对用户的理解，例如，其行为方式、行为主旨、共通性、个性和不同点等。通过总结目标用户群的特点（包括他们的梦想、需求以及其他观察所得的信息），依据相似点将用户群进行分类，并为每种类建立一个人物原型。当人物原型所代表的性格特征变得清晰时，可以将他们形象化（如视觉表现、起名字、文字描述等）。一般情况下，每个项目只需要 3 到 5 个用户画像，这样既保证了信息的充足又方便管理。

2.2.2.1 主要流程

①大量收集与目标用户相关的信息。

②筛选出最能代表目标用户群且最与项目相关的用户特征。

③创建 3~5 个人物角色。

a. 分别为每一个人物角色命名。

b. 尽量用纸或其他媒介表现一个人物角色，确保概括得清晰到位。

c. 运用文字和人物图片表现人物角色及其背景信息，可以引用用户调研中的用户语录。

d. 添加个人信息，如年龄、教育背景、工作、种族特征、宗教信仰和家庭状况等。

e. 将每个人物角色的主要责任和生活目标都包含在其中。

2.2.2.2 提示

①尽量引用最能反映人物角色特征的用户语录。

②创建用户画像时切勿沉浸在用户研究结果的具体细节中。

③有视觉吸引力的用户画像在设计过程中往往更受关注和欢迎，使用率也更高。

④用户画像可以作为制作故事板的基础。

⑤创建用户画像可将设计师关注的焦点锁定在某一特定的目标用户群，而非所有用户。

2.2.3 故事板

故事板是一种用视觉方式讲故事的方法，也用于陈述设计在其应用情境中的使用过程。故事板有助于设计师了解目标用户（群）、产品使用情境、产品使用方式和时间。

故事板可以应用于整个设计流程。设计师可以跟随故事板体验用户与产品的交互过程，并从中得到启发。故事板会随着设计流程的推进不断改进。在设计初始阶段，故事板可能是简单的草图，可能还包含一些设计师的评论和建议。随着设计流程的推进，故事板的内容逐渐丰富，会融入更多细节信息，帮助设计师探索新的创意并做出决策。在设计流程末期，设计师依据完整的故事板反思产品设计的形式、产品蕴含的价值以及设计的品质。

故事板所呈现的是极富感染力的视觉素材，因此，它能将完整的故事情节清晰地呈现：用户与产品的交互发生在何时何地，用户和产品在交互过程中产生了什么行为，产品是如何使用的，产品的工作状态如何，用户的生活方式有哪些改变，用户使用产品的动机和目的是什么等信息。设计师可以在故事板上添加文字辅助说明，这些辅助信息在讨论中也能发挥重要作用。如果要运用故事板进行思维的发散，以生成新的设计概念，那么可先依据最原始的概念绘制一张产品与用户交互的故事板草图。该草图是一个图文兼备的交互概念图。无论是图中的视觉元素，还是文字信息都可以用于交流和评估产品设计概念。

2.2.3.1　主要流程

①先确定创意想法、模拟使用情境以及一个用户角色等元素。

②选定一个故事和想要表达的信息，即想通过故事板要表达什么？简化故事，简明扼要地传递一个清晰的信息。

③绘制故事大纲草图。先确定时间轴，再添加其他细节。若需要强调某些重要信息，则可采取变换图片尺寸、留白空间、构图框架或添加注释等方式实现。

④绘制完整的故事板。使用简短的注释为图片信息做补充说明，不要平铺直叙，不要一成不变地绘制每张故事图；表达要有层次。

2.2.3.2　提示

①漫画与影视的表达技巧是极好的参考资源。其中不乏许多适用于创作产品使用情境和故事板的技巧。

②仔细斟酌绘制故事板的角度，就像摄影时需要仔细琢磨照相机的位置一样。还需要思考故事板的顺序和视觉表现手法。

③故事板也可以用来制作视频短片，例如，可以运用故事板制作一个关于该设计独特卖点的视频。

④运用故事板也能帮助设计师与项目的利益相关者进行有效的沟通。

2.2.4　情境故事法

情境故事法，又称场景描述法或使用情景法。以故事的形式讲述了目标用户在特定环境中的情形。根据不同的设计目的，故事的内容可以是现有产品与用户之间的交互方式，也可以是未来场景中不同的交互可能。

与故事板相似，情境故事法可以在设计流程的早期用于制订用户与产品（或服务）交互方式的标准，也可以在之后的流程中用于催生新的创意。设计师也可运用情境故事的内容反思已开发的产品概念；向其他利益相关者展示并交流创意想法和设计概念；评估概念并验证其在特定情境中的可用性。

另外，设计师还能使用该方法构思未来的使用场景，从而描绘出未来的使用环境与新的交互方式。通过对未来使用情境的故事性描述，设计师可以将其设计和目标用户带入一个更生动具体的环境中。例如，可以尝试以一位母亲与要设计的运动健身产品之间的各种交互可能性拟写一篇场景描述，内容包含这位母亲从起床到离开家的整个过程。情境故事既可以描绘当下最真实的场景，也可以描绘未知的、想象中的情境。

首先，需要根据情境故事的不同目的寻找不同的情境对象。在开始之前，需要对目标用户及其在特定的使用情境中的交互行为有基本的了解。情境故事的内容可以先从情境调研中获取，运用简单的语言描述会发生的交互行为。还可以咨询其他利益相关者，检查该场景描述是否能准确反映真实的生活场景或他们所认可的想象中的未来生活场景。在设计过程中，使用场景描述可以确保所有参与项目的人员理解并支持所定义的设计规范，并明确该设计必须要实现的交互方式。

2.2.4.1　主要流程

①确定场景描述的目的，明确场景描述的数量及篇幅。

②选定特定人物角色，以及他们需要达成的主要目标。每个人物在情境故事描述中都扮演一个特定的角色，如果选定了多个人物角色，则需要为每个人物角色都设定相关的场景描述。

③构思情境故事的写作风格。例如，对使用步骤是采取平铺直叙，还是动态的、戏剧化的描述方式。

④为每篇情境故事拟定一个有启发性的标题。巧妙利用角色之间的对话，使情境故事内容更加栩栩如生。

⑤为情境故事设定一个起始点：触发该场景的起因或事件。

⑥开始写作。专注地创作一篇最具前景的场景描述。

2.2.4.2　提示

①书籍、漫画、影视与广告都是讲故事的手段，其表达技巧是创作情境故事极好的参考资源。

②创作情境故事的过程如同设计一款产品。这是一个重复迭代的过程，因此，在此过程中需要不断修改，并时刻分析整合相关信息，充分运用设计师无限的创造力。

③在情境故事中添加一些场景的变化有时能起到锦上添花的作用，但切勿试图在故事中包含所有信息，否则，想表达的最重要的信息可能会含糊不清。

2.2.5　问题界定

设计的过程也被普遍认为是解决问题的过程。在解决问题之前，设计师首先要明确是否着手于正确的问题。寻找并界定真正的设计问题是得出解决方法最重要的前提。

问题界定通常发生在问题分析的末期。任何问题的出现常是出于对某种现状的不满。因为"满意"是一个相对的概念，所以"问题"的本质也是相对的。问题的定义需要从问题提出者的角度入手，因为他们能预见维持现状可能导致的问题，并想采取措施防止这些问题发生。例如，在"冬天快到了，你却没有御寒的衣服"的情形中，由于你无法阻止气候的变化，所以，冬天并不是问题所在，真正的问题是你没有合适的衣服。为了避免受冻，你可以制作或购买一件毛衣或较厚的外套。当一个问题需要被界定时，也意味着目前的信息不足以将当前状况准确、清晰地描述出来。因此对于一个情境的描述，不仅包含对当前客观状况的叙述，还包括对其他偶然情况的描述。只有当问题提出者想要改变某一情境时，该情境才能称为一个设计问题。换言之，设计师需要界定一个人们更迫切需要的、能替代当前使用情境的新使用情境，即目标情境。沿用之前的例子，目标情境即是在冬天保持舒适与温暖。

设计师往往容易忽略寻找并界定问题所需的工作，例如年轻的、有抱负的设计师更执着于设计一款前所未有的新型水壶、汽车或椅子，而在与客户讨论时，真正的需求问题可能与其描述截然不同。因此，设计师需要具备丰富的经验和极大的勇气。例如，一个潜在的汽车购买者的真正问题可能并不是他想拥有一辆属于自己的车，而是要解决出行问题。因此，只要有车可用就能解决他的问题，并非要购买一辆属于自己的车。沿着这个思路思考，可以将设计思路引向汽车共享的概念上，即用服务替代产品。

2.2.5.1　主要流程

回答以下问题可以帮助你界定设计问题：
①主要问题是什么？
②谁遇到了这个问题？
③与当前环境相关的因素有哪些？
④问题遭遇者的主要目标是什么？

⑤需要避免当前情境下的哪些负面因素？

⑥当前情境中的哪些行为是值得采纳的？

将所得结果整理成结构清晰、条理清楚的文字，形成设计问题。其中需包含对未来目标情境的清晰描述，以及可能产生设计概念的方向。对问题的清晰界定有助于设计师、客户以及其他利益相关者进行更有效的交流与沟通。

2.2.5.2　提示

①分析问题时，会发现"现有情境"与"目标情境"之间有一定的冲突。明确清晰地描述这两者之间的差异，有助于设计师与其他项目参与者共同讨论这两者之间的关联。

②将问题按不同的层次进行分类。从主要问题入手，思考产生问题的原因与影响，并将其切分成不同的细分问题。可以使用便笺纸绘制一棵问题树。

③一个问题也可以被看作是一次机会或创新的动力。从这个角度思考问题，设计师可以在项目中把握主动性，并从问题中得到启发。

2.2.6　需求清单

需求清单详尽且具体地描述设计应达成的目标。据此，设计师可筛选出最具开发前景的创意和设计案或提案组合。

在完成与设计问题相关的信息分析后可草拟一份"需求清单"。只有满足了规定要求的设计方案才能算得上是"好"设计。在设计较为复杂的产品时，一份条理清晰的需求清单至关重要。因为在设计过程中，设计师需要周全地协调影响设计的各方面因素。团队作业时，需求清单可促使所有成员达成共识。同时，设计师与客户就产品设计和开发方向达成一致后，所产生的需求清单可以作为协议写入合作合同。随着设计方案逐步具体、细化，需求清单也会不断改进。

开始制订需求清单时，为了确保清单的完整性，搭建清晰的结构框架至关重要。在设计的初始阶段，该清单的主要作用为检验设计方案是否达到要求。因此，必须搜集足够的信息以确保所有设计要求都具体、合理。例如，设计一个儿童游乐场时，需要了解儿童活动的具体情况以及相关的人机工程学数据信息等。在设计项目推进的过程中，设计师看待设计问题的角度也可能有所改变，许多新的设计要求也需随之确定。因此，要持续更新设计要求。最终稿应该是一份结构清晰的设计要求和标准清单。

2.2.6.1　主要流程

①在已有的设计需求清单的基础上搭建结构框架，便于完善此后提出的设计要求。

②尽可能多地定义各种设计要求。

③找到知识空白，即需要通过调查研究才能得出的信息。

将设计要求分布到调研实践中：确定可观察或可量化的特征的变量。

切勿陷入"价格越低越好"的误区。

分清消费者的需求和愿望：需求一定要被满足，而愿望可以作为选择设计概念或设计方案的参考因素。

④删除相似的设计要求，消除歧义。检查设计要求是否有层次，并区分低层次与高层次的设计要求。

⑤确保设计要求达到以下标准：

每个要求都是有效的；需求清单是完整的；每个设计要求都是可具体操作的；需求清单是适量的，不重复、不烦冗的；需求清单是简明扼要的；每个要求是可行的。

2.2.6.2　提示

①可以应用数字将要求定义得更具体。例如，将"该产品可随身携带"改为"该产品的质量应低于 5 千克"。但有时运用量化的标准来衡量相关信息可能耗费大量时间，因此，这个过程并不是必不可少的。

②标注需求清单的数据来源——出版物、专家、调研结果等。

③为所有设计要求进行层级编号，以便日后引用、对照。使用流程树编号法能帮助设计师立刻查询到某一特定设计要求的原因。

④可以使用多个需求清单，不同的清单之间能起到互补的作用。

2.2.7　市场营销组合

市场营销组合，即以下四种营销手段的组合：产品（product）、定价（price）、渠道（place）和促销（promotion），因此又称 4P 组合。产品经理或战略产品设计师可以用它左右企业市场营销战略。

市场营销组合可用于为现有产品或新产品制订市场营销计划。市场营销组合，对于现有产品而言，常用于产品商业化阶段，对于新产品而言，则常用于新产品研发的模糊前端。产品经理会根据 4P 组合来决定产品的营销策略。通常，市场营销组合用于需要从新产品的研发过程中获取相关信息，制订短期战略决策。战略产品设计师也能从此方法中获利，它可以辅助设计师表达产品的价值主张或处于模糊前端的新产品概念。

市场营销组合的应用通常开始于新产品的市场定位（其中包含目标市场和竞争优势等相关信息）阶段。根据这个定位，产品经理或战略设计师可以针对 4P 分别做出决策。这些决策主要集中于以下几方面：

①产品。例如产品特征、品牌形象、包装、样式、服务和质量保证等。

②定价。例如零售价格、折扣力度、价格框架等。

③渠道。例如分销渠道、零售店、货架和渠道管理等。

④促销。例如目标人群、传播媒体、传达信息、目标和预算等。

针对每一种营销手段所作出的决策都应保持一定的连贯性，并且能与针对其他三类营销手段做出的决策相互整合。所有的决策组合形成市场营销计划的核心内容。除此之外，市场营销计划还包含财务状况说明、销售预测以及相关责任说明。

2.2.7.1 主要流程

①根据产品和市场类型，首先确定与每个营销手段相关的元素。例如，对某个特定的产品而言，产品与包装、价格之间的相关性要比产品与保修服务之间的相关性更强。然后检查以上清单还有哪些方面需要补充。

②确定每个元素的可行性方案说明。例如，可以选择的包装方案有：使用气泡塑料膜、散装、整装等。

③确定最佳方案。根据 4P 组合，为产品制订一份合适的市场营销方案并坚定不移地执行。

针对较为复杂的产品和市场，也可以使用以下几种替代方法：

针对服务：7P 模型，即另外增加了三个营销手段，即参与者（participants）、有形展示（physical evidence）和服务流程（process）。

针对专注于消费者的产品：4C 模型，即用户需求（customer needs）、便利性（convenience）、成本（cost）和用户交流（communication）。

针对 B2B 或行业营销：需要着重强调合作与个性化。

针对电子商务：可以对 4P 模型进行微调，例如，定价（price）可以改为增加透明度（greater transparency）。

2.2.7.2 提示

①在亲自实践该方法之前，可以参考公司现有产品市场营销组合的应用案例。

②虽然每一类营销手段在分析的过程中是独立的，但是它们在实际应用中相互间是紧密相关的，且具备同等的重要性。

③需要在产品整个生命周期内严格监控产品，并适时根据 4P 组合调整决策。

④检查所有不同的营销手段是否都能持续地传达相同的信息。例如，劣质的包装与昂贵、高档的产品并不匹配。

⑤产品营销组合中的定价（price）手段需要特别引起重视：产品的价格是利润的来源，其他 3P 则是为消费者创造价值或吸引投资的主要手段。

2.2.8 概念衍生方阵

个人或小组的意念衍生和发展过程中，意念衍生方阵是个引发新概念的方法。这也是在既定规模下提出问题的方法。

表 2-2 展示了一个方阵的可能样本。设计师可以在应用栏上（纵向排列）加上其他应用设计模式，也可在因素排上（横向排列）加上其他因素或要素。

表 2-2 概念衍生方阵可能样本

设计应用	因素														
	概念	策略	能源	科技	材料	结构	尺寸	形状	纹理	功能	性能	成本	维修	零售系统	后勤
模仿															
类推															
组合															
转变															
改良															
发明															

值得注意的是："模仿（引用）"通常有负面的影响。但是例如仿效自然，却是设计的基本。仿效一些不同范畴、不同文化、不同事物，也可提供启发的意义。

在应用方阵时，或许有这样的问题："有可能仿效鸟翼的结构吗？"设计师会立刻把概念记在方阵的恰当空位上（仿效/结构）。利用同样的方法，快速地衍生概念。设计师会尽量利用方阵的每个可能组合，最后才过滤概念的潜质和可能性。理论上，方阵至少可提供 90 种不同的概念。

设计过程中，这是较随意而有效的思考方法，这有系统的促进概念衍生，有效地开阔思路。当设计问题难以捉摸时，这种方法是非常有效的。

案例　个人电脑设计中运用方阵衍生概念

在方阵上，记下"类推/结构"，基于汉堡包的形象，类推单元化的个人计算机组合模式，以不同成分，有秩序地组合。计算机使用者也能自行组合组件以建立自己适用的计算机系统。

概念草图显示累计组件如汉堡包般夹着，那圆圆的顶部是无线 LAN 系统天线。有用的概念可能最初会被看成玩笑！（图 2-3）

图 2-3　个人计算机设计中运用方阵衍生概念

表 2-3 是一个更加简洁的方阵，犹如一个可行答案的"快速提示表"。在表中基本设计元素水平排列，三个设计手法垂直排列。

表 2-3　简洁的概念衍生方阵

项目	量（体积）	空间	时间
增加 减少	大些 重些 小些 轻些	扩大 分割	长些 快些 短些 慢些
扩散 整合	分割 结合	分散 统一	不连续的 顺序的 连续的 并行的
转变 转换	抽象 圆边 具体 角边	正式的 非正式的	同时 前进 分开 后退

以左上角方格为例，设计师问："可以增加或减少数量吗？"（随后是体积、长度？）在概念阶段，想想与传统相反的概念通常是有效的。如果产品通常是白色的，想想如果换成黑色又如何？如果通常是方形的，变成圆形又如何？这种想法可能不着边际，但很有可能是突破的来源。

概念衍生方阵只是一个工具，是一个分享概念的方法，但最重要的元素还是设计者本身的可变通能力。

2.2.9　市场定位图

市场定位图是用来将形象或产品作比较及分析，构成一幅视像图。

定位图不一定有准确的程度比例，用于质量分析，而不是分量或数量分析。

定位图给市场学者用于比较市场上竞争者的定位，也提供设计师客观的途径去发掘一件产品应有的市场定位。

定位图尤其适合一些以视觉形象表达为主的设计师作研究用。不仅用作研究，更可成为设计过程中的一部分。例如：把一叠概念图（或与其他现有的产品及市场对手的产品）一并贴到定位图上，设计师便可借此找出"市场缝隙"。

另外，定位图也可用来确定一些设计概念是否配合原先定下的设计概念准则。

2.2.9.1　制作市场定位图

①图 2-4 说明轴线的摆位。轴线上，展示出每一对相反意义的字词（类似语义差别法）。这都是根据制图目的选择的。

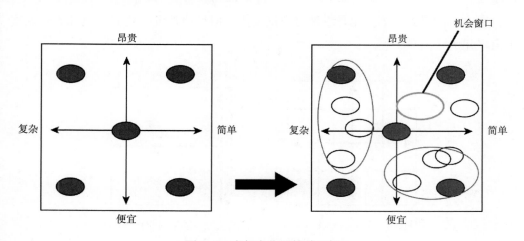

图 2-4　市场定位图简单示例

每对词语经常是正反关系的，如图 2-5 所示，尝试将正面字词置于图的右和上方，负面字词置于左和下方。如果一对字词难以判别正反，就要选用把惯性口语中字词中先行的单字放在右侧或顶部（例如"长短"，先行的单字就是"长"）。当正反价值都显现在图上时，设计师可假设将设计产品的目的置于产品定位图右上方的位置。

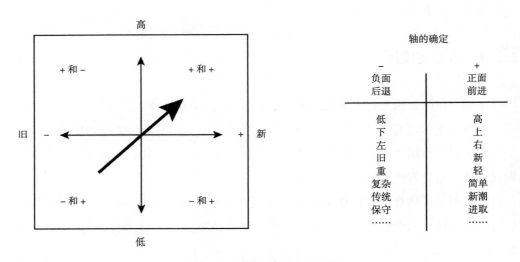

图 2-5　市场定位图字词示例

市场定位图数种变化的可能性：

变化一：图 2-6 的变化旨在简化在定位时判别的难度，把额外的方阵盖在原本的轴线上。每个框中以簇的形式放置图像网格。这样可以有效地表达给没有阅读定位图经验的读者，又可避免无谓地过分关注定位细节。

变化二：图 2-7 的变化是纵轴出现正反值，但是横轴没有负值（例如表达速度是由零开始）。

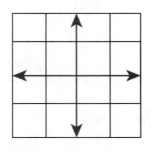 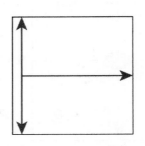

图 2-6　定位图变化（一）　　图 2-7　定位图变化（二）

变化三：图 2-8 是日常普通的图像模式，当没有负值时便可应用（例如纵轴代表价格，而非昂贵便宜的比较，横轴代表尺码，而非大小的比较）。

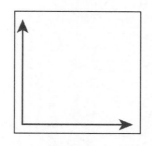

图 2-8　定位图变化（三）

②选择中性的形象例子，置于轴线的交界。下一步，选择四个极端形象例子置于四个角落（如最简单/最昂贵、最简单/最廉价、最复杂/最昂贵、最复杂/最廉价）等。

③安排所有其他有关的样本放置在已放置的样本附近。在第二步骤中放置的五个样本可以在之后调节至准确的关系。

当图状或群状的样本形象出现在定位图时，设计师就可以分析个别的图状或群状分布，甚至个别形象或产品的分布。从设计创作的角度看，定位图带来比较鲜明和独特的观点，比单靠市场分类的资料更具启发意义。

定位图的客观性和一目了然的视觉特性，是分享概念和解释原因的良好工具。但是由于定位图非常有说服力，所以设计师要留意这个方法所引申的理性判断，其实是有着方法性的主观效应。

注意：更复杂的定位探讨会用上超过两条的轴线，这时候适合用上多幅定位图来做分析。

另外，当用上同一轴线比较不同类型的产品时，应把个别产品分开处理，制造一系列的定位图。当完成定位的工作后，定位图可以适当地被简化，只显示重要的机会空间以做产品计划和概念衍生使用。

例："鞋的种类"市场定位图（图 2-9），展示出偏向右上角空白的部分是机会空间。但当提到实际市场，很少人愿意或需要一整天的快速活动。真正的可能性是在定位图的中央，工作鞋、便服鞋、练习步行鞋以及运动凉鞋重叠的空间。事实上，这部分空间是鞋业设计师主要的关注点。

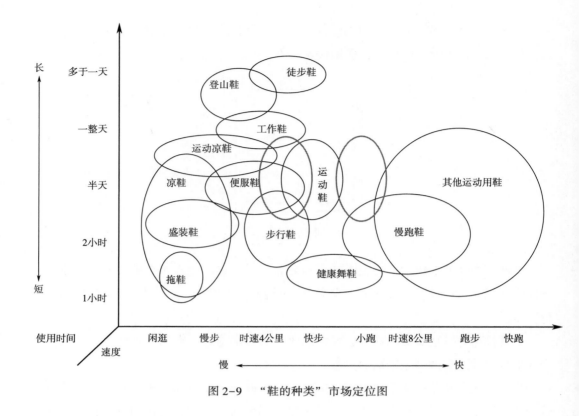

图 2-9　"鞋的种类"市场定位图

2.3　创建产品创意和概念

2.3.1　类比和隐喻法

2.3.1.1　类比

类比法又称为综摄法，是由美国麻省理工学院教授威廉·戈登于 1944 年提出的一种利用外部事物启发思考、开发创造潜力的推理方法。作为一种推理方法，它是通过比较不同对象或不同领域之间的某些相似属性，从而推导出另一属性也相似。它既不同于演绎推理，是从一般推导到个别，也不同于归纳推理，是从个别推导到一般，而是从特定的对象或领域推导到另一特定对象或领域的推理方法。

以类比法为基础对产品设计展开联想时，它的实际连接方式是有所不同的。类比法根据创造过程分成五类，分别是直接类比、拟人类比、象征类比、幻想类比及仿生类比。

（1）直接类比

直接类比是从自然界的现象或社会中已有的成果中去寻找与之类似的事物，然后通过比较分析，获得启发，进行创造构思。直接类比是比较直观的一种分类，在对产品进行分析比较时，类比对象与设计的产品本质特征相似度越接近，成功率也就越高，反之越小。

（2）拟人类比

拟人类比是把研究的事物人格化，然后把自身设想为被研究对象的某个因素，对其进行想象。

（3）象征类比

象征类比主要是由具象化转换为抽象化，将具象事物所具有的特征，对其进行抽象化的分析类比。对所要设计的产品，先进行总体的抽象化概括，然后对产品设计进行简化，从而去寻找与之相类似的具体化事物，对其进行类比。象征法主要是根据场景或情节上的相似性，以图案或相关题材为手段来实现象征功能的。

（4）幻想类比

幻想是不受任何事物限制，可以无限幻想，也可以借助科学和神话传说来大胆想象。如我们看到鸟儿在天上飞，由此引发想象便发明了飞机等。幻想类比设计讲究的是创新，创新就要打破常规，使用各种对其有效的方法，大量寻找有创新性的素材，对其进行"去粗取精，由此及彼"，最后加以整合，设计出最具创新性、符合人们需求的产品。

（5）仿生类比

仿生类比法是一种创造性的设计思维，它区别于其他设计方法，仿生设计主要以自然物为设计对象，对产品进行的创新的设计过程。仿生设计最终追求的设计本质是"使产品回归自然"。仿生法设计是产品设计中常见的设计方法，它追求的是绿色的、自然的、人性化的设计方法，以原生生物状态展示产品设计，使人们亲近大自然，同时增加了产品的趣味性，缓解人们使用产品的疲劳感和压力。仿生类比主要基于形态、材质、结构、功能、色彩、意向六大形式。

2.3.1.2　隐喻

隐喻一词来自希腊语 metaphora，meta 意思是"超越"，pherein 的意思是"传送"。从词源上看"隐喻"在希腊语中的意义为"意义的转换"其意是指通过其中一事物来理解和经历某一事物，从而赋予其新的意义。隐喻不仅是一种语言现象，更是一种认知手段。这种理解和经历是建立在两种事物之间的相似性之基础上的。由此可见，隐喻就是通过已知的某一事物的属性来理解和认知另一事物相似属性的信息加工活动。

隐喻的目的是让观众更好地理解作者的意图，而隐喻性思维就是在认知事物把已形成的心理意向映射到新事物中去。把这种思维运用到设计中，将有利于人们更好地进行认知设计，获得良好的使用体验。如图 2-10 所示，德国建筑师 Oswald Mathias Ungers 于 1982 年出版的《城市隐喻》（*City Metaphors*）一书中，运用自然科学中的动物和植物图像隐喻了 100 多种历史上不同时期的城市地图。Ungers 运用不同的叙述性的单词（英语和德语）为每幅地图命名。在 Ungers 眼中，威尼斯分区图就像是一次握手，而 1809 年的圣加仑仿佛一个子宫。在序言中，他这样写道："若没有全面的视野，现实只是一团毫无关联的现象与毫无意义的事实，完全乱了套。生活在这样的世界就如同生活在真空中，一切皆等重要，没有任何事物能引起我们的关注，自然也完全没有运用我们思想的可能。"《城市隐喻》不但是一部创意绘图和视觉思维的经典之作，更是一次建立意识视野的伟大实验。

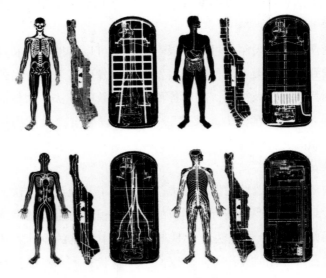

图 2-10　《城市隐喻》

（1）隐喻的形式

①基于形式相似的隐喻。基于形式相似的隐喻在新产品开发中使用较多，新产品所应具备的基本属性如下：

a. 能被用户解读其功能。

b. 与原有的产品存在视觉差别。

c. 其中用户对新产品功能解读和产品视觉差别都与产品的形态、色彩、材质具有直接的联系。

　　d. 以相似性关联为基础的隐喻，即找到彼类事物与此类事物的相似性，从而创造出一个新的事物。

　　仿生鸟类笔筒设计（图 2-11），这款笔筒设计来自韩国 BKID 设计团队，灵感来源于热带鸟的彩色尾翼的形态，清新可爱，把小鸟的身体当成笔筒的容器，兼具美感与功能性。在工业设计中，仿生设计是设计师塑造产品形态的方法之一，也体现出设计师对自然的观察、尊重和理解。

图 2-11　仿生鸟类笔筒设计

　　②基于意义相似的隐喻。基于意义层面相似的隐喻可以通过产生内涵意义，间接传达出产品无法直接传达的功能性意义。格雷夫斯鸟鸣水壶（图 2-12），壶嘴上欢叫雀跃的小鸟使人联想到壶嘴可以像小鸟一样鸣叫，用小鸟的形象传达出壶嘴的功能性意义。可以看出，隐喻就是一种借此喻彼的方式，用熟悉的事物代替陌生的事物，以易喻难，以具体说明抽象。可以使人们获得一种新的视角和方法去看待事物，为实现产品多样性提供了一种途径与思维。

图 2-12　鸟鸣水壶设计（迈克尔·格雷夫斯）

（2）隐喻思维模式在设计中的运用

隐喻关系由施喻者、受喻者以及相似性三种要素构成，其中施喻者或受喻者其中一方并不在画面中出现，设计师通过对施喻或受喻者的形象描绘以及相似性的放大，使观者由已知的一方联想到另一方。隐喻思维是一种利用事物与其他事物间相似性来联想到其他特指事物的过程。

2.3.1.3 如何使用类比与隐喻法

①搜集相关的灵感源。要想得出更具创意的想法，应该从与目标领域相关性较远的领域进行搜寻。找到启发性本体后，寻找合适的喻体。

②思考应该如何将其运用到新设计方案中，并进行设计分析决定是否需要运用类比或隐喻。

③使用类比法时，切勿仅将灵感源的物理特征简单地照搬到所面对的问题中，而应该先了解灵感源与目标领域的相关性，并将所需特征抽象化后应用到潜在的解决方案中，设计师对观察结果抽象化的能力决定了可能获得启发的程度。

④进行设计实践。

2.3.1.4 运用类比与隐喻法设计的主要流程

（1）表达

类比：清晰表达所需解决的设计问题。

隐喻：明确表达想通过新的设计方案为用户带来的用户体验的性质。

（2）搜寻

类比：搜寻成功解决该问题的各种情况。

隐喻：搜寻一个与产品明显不同的实体，该实体需具备你想要传达的品质特点。

（3）应用

类比：提取已有元件之间的关系，理顺处理灵感领域的过程。抓住这些联系的精髓，并将所观察到的内容抽象化。最后将抽象出的关系变形或转化以适用于需要解决的设计问题。

隐喻：提取灵感领域中的物理属性，并抽象出这些属性的本质。将其转化运用，匹配到手头的产品或服务上。

2.3.1.5 类比与隐喻方法的局限性

在使用类比方法时，设计师可能会花费大量时间确定合适的灵感源，且这个过程并不能保证一定能找到有用的信息。如果这些启发性材料不能帮你找到解决问题的方案，那么你可能会陷入困境。因此，要相当熟悉启发性材料的相关知识。

2.3.2　提喻法

2.3.2.1　提喻法的概念

提喻法是一种结合类比法以及不同元素（明显不相关的元素）来解决创造性问题的综合性方法。该方法通常能辅助设计师生成简约、明了、突出主题、高质量的初步创意。提喻作为一种修饰方法，主要是指用事物的部分代表整体。

2.3.2.2　主要流程

①进行问题说明。邀请问题所有人简要地展示并讨论该问题。

②分析问题。重述问题，将问题确切地表述为一个具体的目标。

③生成、收集并记录脑海中最初的创意，"打碎已知"。

④找到一个相关的类比或隐喻。

⑤通过自问的方式探索类比情况。在类比情形中，发生了哪方面的问题？有哪些方面已经找到了解决方案。

⑥将不同的解决方案强行匹配在重新表述的问题说明中，并收集和记录该过程中所产生的创意。

⑦测试并评估现有的创意想法。运用逐项反应法或其他选择方法对上述各种创意进行选择。

⑧将所选创意发展为设计概念。

2.3.2.3　提喻法在设计运用中的局限性

①如果在一个未经过培训的群体中使用该方法，主持人必须控制推进的节奏。主持人必须具备丰富的经验，并能在整个过程中启发参与成员。

②提喻法对没有经验的参与者要求极为苛刻。

2.3.3　头脑风暴法

2.3.3.1　什么是头脑风暴

头脑风暴是一种激发参与者产生大量创意的特别方法。由美国 BBDO 广告公司的奥斯本首创，并于 1953 年在《应用想象》一书中正式发表了这种激发创造性思维的方法。在头脑风暴过程中参与者必须遵守活动规则与程序。它是众多创造性思考方法中的一种，该方法的假设前提为：数量成就质量。

头脑风暴法又称智力激励法、自由思考法或诸葛亮会议法，通常是指一群人开动脑筋，进行自由的、创造性的思考与联想，并各抒己见，在短暂的时间内提出解决问题的大量构想的一种方法。这种方法应用最广，同时也可以说是最具实用性的一种集体创造性解决问题的方法。

"头脑风暴"原意是"突发性精神错乱"，针对精神病患者的精神错乱状态而言的，精神病患者的一个特征是发病时无视他人的存在，言语和肢体的行为随心所欲，思想观念摆脱世俗的束缚，指的正是头脑风暴的精髓所在。如今转而为无限制的自由联想和讨论，其目的在于产生新观念或激发创新设想。

从形式上看，它采用小型会议的组织方式，如图 2-13 所示，让所有参加者在自由愉快、畅所欲言的气氛中，利用集体的思考，引导每个与会者围绕中心议题广开思路，自由交换想法并以此激发与会者的创意及灵感，使各种设想在相互碰撞中激起脑海的创造性"风暴"。

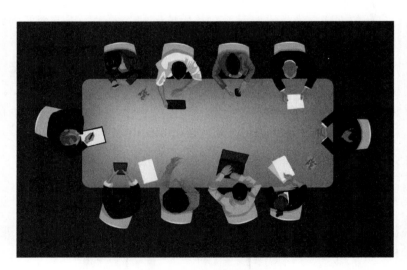

图 2-13　头脑风暴会议

2.3.3.2　何时使用此方法

头脑风暴可用于设计过程中的每个阶段，在确立了设计问题和设计要求之后的概念创意阶段最为适用。头脑风暴执行过程中有一个至关重要的原则，即不要过早否定任何创意。因此，在进行头脑风暴时，参与者可以暂时忽略设计要求的限制。当然，也可针对某一个特定的设计要求进行一次头脑风暴，例如，可以针对"如何快速除雪的问题"进行一次头脑风暴。

2.3.3.3　头脑风暴法的四大原则

一次头脑风暴一般由一组成员参与，参与人数以 4～15 人为宜。在头脑风暴过程中，必须严格遵循以下四个原则。

（1）延迟评判原则

在进行头脑风暴时，每个成员都尽量不考虑实用性、重要性、可行性等诸如此类的因素，尽量不要对不同的想法提出异议或批评。该原则可以确保最后能产出大量不可预计的新创意。同时，也能确保每位参与者不会觉得自己受到侵犯或者觉得他们的建议受到了过度的束缚。

（2）自由畅想原则

鼓励"随心所欲"的想法，"内容涉及越广越好"。必须营造一个让参与者感到舒心与安全的氛围。在头脑风暴过程中，要求参会者集中注意力，以会议主题为中心解放思想，无拘无束地思考问题并畅所欲言，不必顾虑自己的想法或创意是否"离经叛道"或"荒唐可笑"。欢迎自由奔放、异想天开的意见，有什么想法都可以说，不着边际、异想天开的设想或许都是好创意的原型。

（3）综合改善原则

"1+1=3"鼓励参与者对他人的想法或创意进行补充、改进或整合，借题发挥，可以在别人想法的基础上产生新的想法，即利用一个灵感引发另一个灵感，强调相互启发、相互补充和相互完善。

（4）以量求质原则

追求数量头脑风暴的基本前提假设就是"数量成就质量"。在头脑风暴中，由于参与者以极快的节奏抛出大量的想法，参与者很少有机会挑剔他人的想法。

在使用直接头脑风暴法时，除了不要违反四个原则外，还有以下事项需要注意：

①首先应有主题，主题应在参与者关注范围内。

②不能同时有两个以上的主题混在一起，主题应单一。

③问题太大时，要细分成几个小问题。

④创造力强，分析力也要强，要有幽默感。

⑤头脑风暴要在 45～60 分钟内完成。

⑥记录人要把构思写在白板上，字体清晰，以启发其他人的联想。

⑦在头脑风暴后，对创意进行评价（会后评判）。

⑧评价创意时，做分类处理。

由于头脑风暴法产生出来的创意，大部分都只是提示，很少是可以用来直接解决问题的。因此整理和完善创意就显得相当重要。在整理补充创意时，为了使创意更具体化，也可继续使用头脑风暴法。

2.3.3.4 头脑风暴法的主要流程

（1）准备阶段

①定义问题。拟写一份问题说明，对问题提前了解，主持人一般要提前2~3天通知参与者。

②主题的陈述不能太过于狭隘或者暗示解决方案。

③主持人事先准备几类词语，如网络热词、形容词、名词等。待参与者没有思路的时候使用，进行图片和词语的刺激。

④人数的控制，一般为4~15人，头脑风暴的人数基本上没有下限，只有上限，一个人也可以进行头脑风暴。

⑤时间一般控制在1个小时左右，时间太长很难注意力集中，如果进行两轮可控制1.5个小时左右，千万不要勉强参与者拖延时间。

（2）从问题出发，发散思维

一旦生成了许多创意，就需要所有参与者一同选出最具前景或最有意思的想法并进行归类。一般来说，这个选择过程需要借助一些"设计标准"。如果主持人注意参与者进入瓶颈状态时，主持人可以引导大家转换视角，如弱势群里的视角、动物的视角等，也可拿出事先备好的卡片来刺激一下参与者。同时可进行有规律的尝试——奥斯本设问法（表2-4）。

表2-4 奥斯本设问法——以台灯为例

序号	类别	内容	实例
1	能否他用	是否有新的用途？是否有新的使用方式？是否可以改变现有使用方式	其他用途：信号灯、装饰灯
2	能否借用	有无类似的东西？过去有无类似问题？利用类比能否产生新观念？可否模仿？能否超过	增加功能：加大反光罩，增加灯泡亮
3	能否扩大	可否增加些什么？附加些什么？提高强度、性能？加倍？放大？更长时间？更长、更高、更厚	延长使用寿命：使用节电、降压开关；电池→8号电池→纽扣电池
4	能否缩小	可否减少些什么？可否小型化？是否可密集？压缩浓缩？可否缩短、去掉、分割、减轻	缩小体积：1号电池→2号电池→5号电池→7号电池→8号电池→纽扣电池

序号	类别	内容	实例
5	能否改变	可否改变功能、形状、颜色、运动、气味、音响？是否还有其他改变的可能	改一改：改灯罩、改小电珠和用彩色电珠等
6	能否替代	可否代替？用什么代替？还有什么别的排列？别的材料？别的成分？别的过程？别的能源	代用：用发光二极管代替小电珠
7	能否调整	可否变换？可否交换模式？可否变换布置顺序、更换型号：两节电池直排、横排、可否交换因果关系	更换型号，两节电池直排、横排、改变样式
8	能否颠倒	可否颠倒？可否颠倒正负、正反？可否颠倒头尾、颠倒上下？可否颠倒作用？	反过来想：不用干电池的手电筒，用磁电机发电
9	能否组合	可否重新组合？可否尝试混合、合成、配合、协调配套？可否把物体组合？目的组合？物性组合？	与其他组合：前充电 FPO 钟等

（3）评估归类

将所有创意列在一个清单中，对得出的创意进行评估并归类。

（4）聚合思维

选择最令人满意的创意或创意组合，带入下一个设计环节，此时可以运用 C-Box 方法。以上这些步骤可以通过以下三个不同的媒介来完成：

说：头脑风暴。

写：书面头脑风暴。

画：绘图头脑风暴。

2.3.3.5　方法的局限性

①头脑风暴最适宜解决那些相对简单且"开放"的设计问题。对于一些复杂的问题，可以针对每个细分问题进行头脑风暴，但这样做无法完整地看待问题。

②头脑风暴不适宜解决那些对专业性知识要求极强的问题。

2.3.4　书写头脑风暴与绘图头脑风暴法

2.3.4.1　什么是书写头脑风暴与绘图头脑风暴

书写头脑风暴和绘图头脑风暴是传统头脑风暴方法的衍生，参与者需要将自己的想法记录在纸上，并传递给其他参与者，往复进行几次。每位参与人员都可以在别人的想法上进行补充并拓展。与头脑风暴一样，这两种方法也建立在"数量成就质量"这一基础上。

书写头脑风暴和绘图头脑风暴特别适用于确立了设计问题和设计要求之后的概念创意阶段。与头脑风暴相同，参与者须遵循一个至关重要的原则，即避免过早持否定态度。因此，在使用时，参与者可以暂时忽略设计要求的限制。

在头脑风暴正式开始时，先在白板上写下问题说明以及头脑风暴遵循的延迟评判、自由畅想、综合改善、以量求质的四项原则。按需为参与者准备充足的纸张、圆珠笔、铅笔、马克笔等。

2.3.4.2 主要流程

书写头脑风暴（6-5-3法），参与者的6个人围绕环形会议桌坐好，每人面前放有一张画有6个大格18个小格（每一大格内有3个小格）的纸；主持人公布会议主题后，要求参与者对主题进行重新表述；重新表述结束后开始计时，要求在第一个5分钟内，每人在自己面前的纸上的第一个大格内写出3个设想，设想的表述尽量简明，每一个设想写在一个小格内；第一个5分钟结束后，每人把自己面前的纸顺时针（或逆时针）传递给左侧（或右侧）的与会者，在紧接的第2个5分钟内，每人再在下一个大方格内写出自己的3个设想；新提出的3个设想，最好是受纸上已有的设想所激发的，且又不同于纸上的或自己已提出的设想；按上述方法进行第三至第六个5分钟，共享时30分钟，每张纸上写满了18个设想，6张纸共108个设想；整理分类归纳这108个设想，找出可行的先进的解题方案（图2-14）。

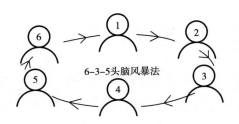

图2-14　635头脑风暴法

2.3.4.3 书写头脑风暴与绘图头脑风暴法的优缺点

（1）优点

①能弥补参与者因地位、性格的差别而造成的压抑。

②用书面畅达的方式激发人的智力，避免了在会议中部分人因疏于言辞、表达能力差的弊病，也避免了在会议中部分人因相争发言，彼此干扰而影响智力激励的

效果。

（2）缺点

①因只是自己看和自己想，激励不够充分。

②书写头脑风暴和绘图头脑风暴最适宜解决那些相对简单且开放的设计问题。

③参与绘图头脑风暴的成员需要具备良好的绘画能力，只有这样才能有效地表达想法或概念的精髓。

2.3.5　形态分析法

2.3.5.1　什么是形态分析法

形态分析法又称"形态矩阵法"，是由美国天体物理学家 F·茨维基首次提出的一种创新技法。它是以系统观念为指导，把研究对象看成是多个设计元素的组合，然后系统地将这些设计元素进行分解，最后将这些分解后的设计元素重新进行排列组合。

2.3.5.2　何时使用此方法

设计师在概念设计阶段绘制概念草图的过程中，可以考虑使用形态分析。在使用该方法之前，需要对所需设计的产品进行一次功能分析，将整体功能拆解成为多个不同的子功能。许多子功能的解决方案是显而易见的，有一些则需要设计师去创造。将产品子功能设为纵坐标，将每个子功能对应的解决方法设为横坐标，绘制成一张矩阵图。这两个坐标轴也可以称为参数和元件。功能往往是抽象的，而解决方法却是具体的。将该矩阵中的每个子功能对应的不同的解决方案强行组合，可以得出大量可能的原理性解决方案。

在实际设计当中，面对大量搜集的资料，只有根据产品资料的属性对它进行分类，并通过视觉方式（表格和图）进行表达，才能够更加容易认清产品现状，发现设计创意的机会点。常用的有两种图表法：一种是产品形态比较分析图表法；另一种是产品形态意向分析图法。

2.3.5.3　主要流程

①明确问题，准确表达产品的主要功能。

②明确最终解决方案必须具备的所有功能及子功能。

③将所有子功能按序排列，并以此为坐标轴绘制一张矩阵图。

④针对每个子功能参数在矩阵图中依次填入相对应的多种解决方案。这些方案

可以通过分析类似的现有产品或者创造新的实现原理得出。

　　⑤分别从每行挑选一个子功能解决方案组合成一个整体的原理性解决方案。

　　⑥根据设计要求谨慎分析得出所有原理性解决方案，并至少选择三个方案进一步发展。

　　⑦为每个原理性解决方案绘制若干设计草图。

　　⑧从所有设计草图中选取若干个有前景的创意进一步细化成设计提案。

　　以设计一款儿童折叠水壶为例。首先，分解要素。按照其构成和功能分为壶体可折叠的实现、保温、杀菌、氧气供给、加热与交互界面的实现方式六个相对独立的基本要素，见表2-5。其次，形态分析。列举出各种基本要素的全部可能的形态，编制其形态学矩阵，见表2-5。再次，形态组合。将各解法排列组合成多种组合方案。由表2-5可知，儿童折叠水壶的组合方案总数为 $N = 3×4×3×3×4×4 = 1728$ 个。

表2-5　儿童折叠水壶形态学矩阵比较分析图表法

独立要素	各要素的对应解法			
	1	2	3	4
A 壶体可折叠的实现	硬体机构气囊	弹压式气囊	软体弹簧气囊	
B 保温	真空	气	水	固体
C 杀菌	紫外线	二氧化氯	酒精喷雾	
D 氧气供给	化学制氧	配置附属设备	壶体内配备液态氧气	
E 加热	外供电	化学反应供电	内供电	外供热
F 交互界面	固定	三维立体	自动翻滚	手动翻滚

　　方案选优根据产品的功能及特点，按照价格、耐用、便捷、安全、省力等技术指标进行分析、评价、比较、决策。最后得到最佳方案为：A3—B2—C2—D3—E3—F2，即软体弹簧气囊壶体—充气保温—二氧化氯杀菌—壶体内配备液态氧气—内供电加热—三维立体画。

2.3.6　产品形态意向分析图法

2.3.6.1　什么是产品形态意向分析图法

　　产品形态意向分析图是将搜集到的相关产品的图片，按其特征放置在一个具有水平及垂直轴的图表上。通过分析图能够得出相关产品及竞争对手在整个市场的分布状况。产品形态意向分析图的关键是要定义轴两端的含义，每个轴的两端代表的是一个意义的两极，所以往往会采用一对意思相反的形容词。相关的产品图片可以遵循客观的规律与原则进行摆放。设计师可以通过意向分析图锁定新产品大致的目标市场。

2.3.6.2 主要流程

①搜集市场上现有的相关产品图片（图2-15）。

图 2-15 意向分析图制作步骤（1）

②定义水平轴与垂直轴的意义，通常为两对代表产品造型属性的反义形容词。

③将产品图片按照水平轴定义的产品属性，依照确定的原则进行排列（图2-16）。

手动的 ←——————————————————————→ 自动的

图 2-16 意向分析图制作步骤（2）

④将产品图片按照垂直轴定义的产品属性，依照确定的原则进行排列（图2-17）。

⑤将两种属性进行叠加，生成形态意向分析图，并用色圈确定设计的大致目标市场（图2-18）。

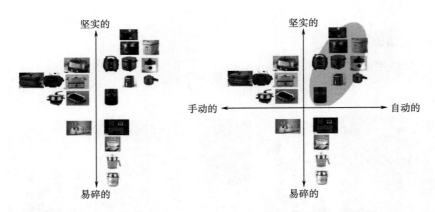

图2-17　意向分析图制作步骤（3）　　图2-18　意向分析图制作步骤（4）

2.3.7　奔驰法

奔驰法是一种辅助创新思维的方法，主要通过以下七种思维启发方式在实际中辅助创新：替代（substitute）、结合（combine）、调适（adapt）、修改（modify）、其他用途（put to another use）、消除（eliminate）和反向（reverse）。

2.3.7.1　替代（substitute）

创意或概念中哪些内容可以被替代以便改进产品？哪些材料或资源可以被替换或互相置换？运用哪些产品或流程可以达到相同的目的？

2.3.7.2　结合（combine）

哪些元素需要结合在一起，以便进一步改善该创意或概念？试想一下，如果将该产品与其他产品结合，会得到什么样的新产物？如果将不同的设计目的或目标结合在一起，会产生怎样的新思路？

2.3.7.3　调适（adapt）

创意或概念中的哪些元素可以进行调整改良？如何能将此产品进行调整，以满足另一个目的或应用？还有什么与产品相关的可以进行调整？

2. 3. 7. 4　修改（modify）

如何修改创意或概念，以便进行下一步改进？如何修改现阶段产品的形状、外观或给用户的感受等？如果将该产品的尺寸放大或缩小，会有怎样的效果？

2. 3. 7. 5　其他用途（put to another use）

该创意或概念如何开发出其他用途？是否能将该创意或概念用到其他场合或其他行业？在另一个不同的情境中，该产品的行为方式是怎样的？是否能将该产品的废料回收利用，创造一些新的东西？

2. 3. 7. 6　消除（eliminate）

已有创意或概念中的哪些方面可以去掉？如何简化现有的创意或概念？哪些特征、部件或规范可以省略？

2. 3. 7. 7　反向（reverse）

试想一下，与你的创意或概念完全相反的情况是怎样的？如果将产品的使用顺序颠倒过来，或改变其中的顺序，会得出怎样的结果？试想一下，如果你做了一个与现阶段创意或概念完全相反的设计，结果会是怎样的？

2.3.8　5W1H 法

2. 3. 8. 1　什么是 5W1H 法

5W1H 分析法（five W and H）又称六何分析法，"5W" 是在 1932 年由美国政治学家拉斯维尔最早提出的一套传播模式，后经过人们不断地运用和总结，形成了 "5W1H" 模式。

5W1H，即 Who（谁）、What（什么）、Where（何地）、When（何时）、Why（为何）、How（如何），是分析设计问题时需要被提及的最重要的几个问题。通过回答这些问题，设计师可以清晰地了解问题、利益相关者以及其他相关因素和价值。

2. 3. 8. 2　何时使用此方法

设计师在设计项目的早期往往会拿到一份设计大纲，需要先对设计问题进行分析。5W1H 法可以帮助设计师在拿到设计任务后对设计问题进行定义，并做出充分且有条理的阐述。也适用于设计流程中的其他阶段，例如用户调研、方案展示和书面报告的准备阶段等。

2.3.8.3 主要流程

①拟写初始的设计问题或设计任务大纲。

②回答 5W1H 的问题，进一步分析初步设计问题，也可自由地增加更多问题。

Who：谁提出的问题？谁有兴趣为该问题提出解决方案？谁是该问题的利益相关者？

What 主要问题是什么？为解决该问题，哪些事项已经完成了？

Where 问题发生在什么地方？解决方案可能会应用在什么场合？

When：问题是什么时候发生的？什么时间解决问题？

Why：为什么会出现这样的问题？为什么目前得不到解决？

How：问题是如何产生的？利益相关者是怎样尝试解决该问题的？

③回顾所有问题的答案，看看是否还有不详尽的地方。

④按照优先顺序排列所有信息：哪些是最重要的？哪些是不太重要的？为什么？见表 2-6。

表 2-6　5W1H 法

5W1H	第一层次	第二层次	第三层次	第四层次	结论
Who	是谁	为什么是他	有更合适的人吗	为什么是更合适的人	定人
When	什么时候	为什么在这个时候	有更合适的时间吗	为什么是更合适的时间	定时
Where	什么地点	为什么是这个地点	有更合适的地点吗	为什么是更合适的地点	定位
Why	什么原因	为什么是这个原因	有更合适的理由吗	为什么是更合适的理由	定原因
What	什么事情	为什么做这件事情	有更合适的事情吗	为什么是更合适的事情	定事
How	如何去做	为什么采用这个方法	有更合适的方法吗	为什么是更合适的方法	定方法

2.3.9　How-to 法

2.3.9.1　什么是 How-to 法

How-to（如何……）法以提问的方式陈述设计问题，辅助设计师生成创意。每个 How-to 问题都与未来产品的生命周期以及利益相关者息息相关。

怎样（How-to）？怎样做省力？怎样做最快？怎样做效率最高？怎样改进？怎样得到？怎样避免失败？怎样达到效率？怎样才能使产品更加美观大方？怎样使产品用起来更方便？

2.3.9.2 何时使用此方法

How-to 法在概念创意的初始阶段对设计项目最有帮助。它能帮助设计师从不同的角度重新阐释设计问题，激发设计团队更顺利地生成创意。How-to 法的造句方法灵活多变，很适合作为团队设计的工具。它的目的在于多角度发散说明设计问题，让每位小组成员都从不同角度清晰、全面地了解设计问题。值得注意的是，在使用 How-to 法的过程中需要遵循一系列原则。不要过早持否定态度、在他人的创意基础上进行联想，让数量成就质量等。这是一种能够迅速激发创造力的开放式提问方法。通过一系列广泛多元的提问，使设计师对面临的设计问题有一个全方位的了解。

2.3.9.3 主要流程

①简短地描述所面临的设计问题并邀请组员共同讨论该问题所涉及的利益相关者和与未来产品有关的其他各方面因素。

②邀请小组成员从不同利益相关者的立场和具体产品的不同生命阶段出发，尽可能多地用 How-to 的形式提出问题。此时，可以运用便利贴或白板等工具进行记录。

③评估所得到的 How-to 问题是否重复。

④从所得问题中筛选出能涵盖主要设计问题各个不同方面的 How-to 问题，即能涵盖不同的利益相关者和未来产品不同生命阶段的问题。

⑤全组成员一同思考创意。试着从一个 How-to 问题入手，直至不能再想出新的想法为止。然后着手下一个问题，直到回答完所有问题。

2.3.9.4 方法的局限性

①How-to 法适用于概念设计的初始阶段。因为此时设计问题相对开放，设计的空间也较大。

②How-to 法需要参与人员熟悉手头的设计问题，最好对问题所涉及的利益相关者以及未来产品的各个生命阶段都有所了解。

2.3.10 相互分析法

2.3.10.1 什么是相互分析法

相互分析法是有系统地分析所研究主体（产品）各元素之间的关系，通过元素间的相互分析，能有效地界定设计目标和反应主题，此方法在面对复杂的问题时，能够非常快速地解决。在产品设计的研究中对人类、机器、环境界定元素。元素间的关系可能是：人类—人类、人类—机器、机器—机器、人类—环境、机器—环境、环境—环境。通过消费者对以上元素关系的相互分析，则可以探寻出消费者对产品的明确意向。

2.3.10.2 注意事项

①认清主题很重要，尤其在设计过程的前期阶段：如在调查阶段收集意念和资料、分析设计和确定设计目标、组合设计和设计发展等阶段。

②清楚地界定主题元素之间的关系，有利于塑造出产品的整体形象。

③在面对复杂的设计情况时，互动分析法更加有效，例如在设计公共空间或系统设计的情况之下。可能有经验的设计师本能地可以明白有关重点，在此情况下，相互分析法就能有效而且有逻辑地辅助与他人沟通。

④从宏观的设计角度，相互分析法能有效地确定设计目标和反映主题。这分析方法基于三个元素：人类、机器、环境。

2.3.10.3 相互分析法案例研究——动能辅助单车设计

以动能辅助单车设计为例，详细了解相互分析法如何说明单车与使用者之间的关系。主要基于人物因素、机械因素、空间因素和环境因素。表2-7为动能辅助单车设计元素列举表。图2-19为详细相互分析法方阵图，图2-20为简要相互分析法方阵图的资料。

表2-7 动能辅助单车设计元素列举表

human factors 人物因素		rider	骑行者
		mechanic	维修工
mechanical factors 机械因素	operation 操作	handle	把手
		break lever	制动杆
		stand	停车撑
		gear lever	变速杆

续表

mechanical factors 机械因素	energy 能源	battery	电池
		battery charger	充电器
	power 能量	motor	发动机/电机
		Transmission	传动装置
		electrical parts	电路部分
		pedal	脚踏板
	trans 传动	chain	链条
		gear wheel	齿轮
		wheel	车轮
		tire	轮胎
		clutch	离合器
		brake	制动器
	safety 安全	head light	车头灯
		meter	速度表
		bell	喇叭
		rear lamp	尾灯
		back mirror	观后镜
	body 主体	body frame	车架
		suspension	悬挂
		saddle	车座
		fender	挡泥板
		luggage rack	行李架
space factors 空间因素		inner space	内部空间
		outer rack	外部支架
environment factors 环境因素		pedestrian	行人
		other traffic	其他交通工具
		garage	车库
		road	道路
		parking lot	停车场
		town	商业中心
		weather/climate	天气/状况

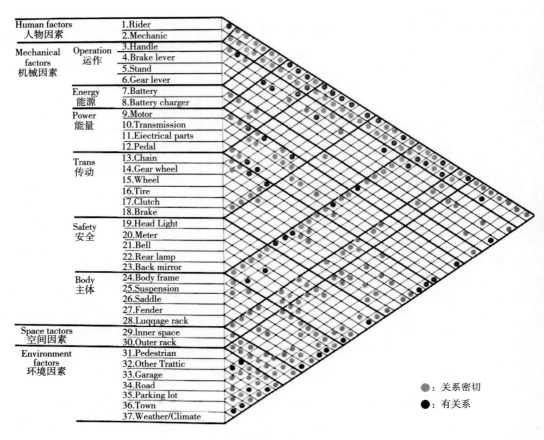

图 2-19 详细相互分析法方阵图

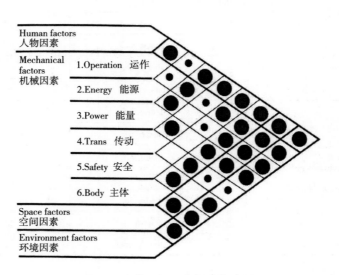

图 2-20 简要相互分析法方阵图

绘制人物—机械—环境之间的互动网络图（图 2-21），将资料移至网络图上，使各要素之间的关系能更清楚和明显地显现出来。得出的结论是单车电池可以自由摆放。另外，运作组件需要接近动力组件，这样令使用者更有效地操控单车。

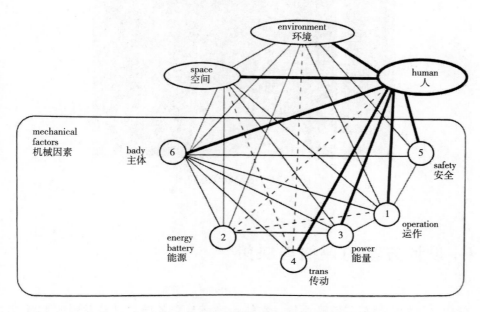

图 2-21　人物—机械—环境互动网络图

接下来设计师绘制出一系列故事板（图 2-22）。显示每天的单车使用模式，追溯和肯定需要的功能。

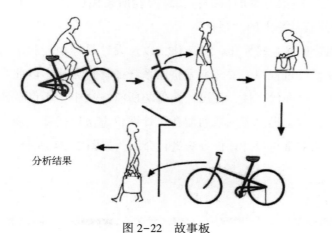

图 2-22　故事板

经过相互分析法的分析设计出一辆细轮单车意向图（图 2-23）。前轮通过转动轴带动后轮。方便的装拆设计，并且有充裕的空间摆放购物篮。

图 2-23　细轮单车意向图

2.4　设计方案的评估与决策

　　任何事物的发展都离不开评价，在体验经济与服务导向日益发展的大背景下，工业设计成为一种整体性、跨领域和整合性的设计活动。这使在工业设计方案评价过程中，评价标准广泛多样，涉及多个学科。从广泛意义上说，设计评价对工业设计具有重要的指导意义，一是在设计实践中可以依据策略目标，不断校正前进方向，提供选择"最优"决策方案的依据；二是检验所采用的设计方法、途径是否"正确"，以期达到过程效率上的"最优"。

　　由于实际需求的日益多元化、复杂化，以及设计目标功能和结构复杂性的日益提升，产品创新设计过程中需要一套完整而系统的评价方法，以此判定当前阶段备选设计方案的可行性和优劣性。在设计评价的所有方法中，不仅有偏向消费者主观意愿的方法，研究者也提出了一系列创新设计评价方法以代替主观人工评价。以下从设计的三个阶段对常见设计评价方法进行介绍，如图 2-24 所示。

图 2-24　设计方案三阶段

2.4.1 早期创意筛选

2.4.1.1 C-Box 法

（1）什么是 C-Box

C-Box 是一个 2×2 的矩阵。确定了两个代表标准的轴，根据这些标准对想法进行评估。在 C-Box 中，通常使用的标准是"创新性"（对用户而言）和"可行性"。C-Box 有基于这些轴的四个象限。你能够迅速判断想法是否立即可行，以及它们是否具有高度的创新性。

（2）何时使用此方法

人们使用 C-Box 从大量早期想法中生成概览。C-box 通常在头脑风暴研讨会中使用，用来判断在这样的研讨会中产生的众多想法（例如，产生了 40 个以上的创意时）。当设计师急于放弃非常有创意的想法时，这种方法也很有效。这种方法也可以被视为早期想法的第一个集群活动。然而，集群是由您选择的轴预定的。也可以改变坐标轴的含义，例如"吸引力"和"功能性"。

制作一张 C-Box 图表能帮助开发团队对所有概念创意展开讨论，从而加强对解决方案的理解。同时，也能使所有组员就设计流程的主要方向达成共识，如图 2-25 所示。

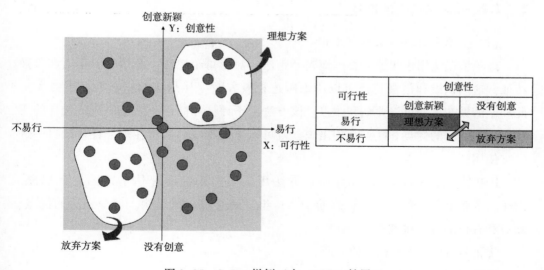

图 2-25　C-Box 样例（右：C-Box 扩展）

（3）实施的步骤

①需要收集大量的早期创意（40~60 个）。

②在一张大纸上绘制一个坐标系，形成一个 2×2 的 C-Box 矩阵。Y 轴代表创新性：下端代表创新性不高的创意，上端代表令人耳目一新的创意。X 轴代表可行性：右端代表可以立即实现的创意，左端代表不可行的创意。

③将所有创意写（画）在纸上，可以利用便利贴或 A5 大小的纸。所有组员参与创意的讨论中，对照坐标轴所示的参数将所有创意粘贴到 C-Box 的对应位置上。

（4）选定一个最符合设计要求的象限

将所有创意都填入 C-Box 后，就意味着已经成功迈出了第一步，此时可以继续进行下面的步骤，如挑选出最具开发前景的创意进行深入设计，并且摒弃那些不具创意且不可行的创意，如图 2-26 所示。

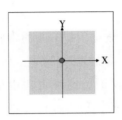

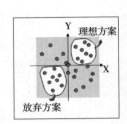

40~60个早期创意　　　　坐标系矩阵　　　集体讨论分配想法至各个象限　　　选择理想方案

图 2-26　C-Box 实施步骤

2.4.1.2　逐条反馈法和 PMI 法

（1）什么是逐条反馈法和 PMI 法

逐条反馈法用于快速、直观地判断想法。对于每个想法，都列出了正面和负面特征。这些积极和消极特征可以用来阐述积极方面（让想法的积极方面更强大）。此外，消极的方面可以评估和改善。该方法用于评估和制订一个适度大的选择的想法。一旦所有的优点和缺点都列出来，就可以决定哪些想法将在整个设计项目中进一步使用。

PMI（plus，minus，interesting）方法用于快速系统地评估早期的设计思路。PMI 法本质上是一种工具，它有助于为一组早期想法提供结构。每个想法的优点、缺点和有趣的方面将被列出。

①正号（+）表示积极的方面。

②负号（-）表示消极的方面。

③字母（I）表示有趣的方面和特点。

（2）何时使用此方法

逐条反馈法和 PMI 法工具的根本作用在于帮助设计师梳理早期的创意，以便筛选出具有前景的创意，从而推进下一轮的概念创新工作。PMI 法最适合用于从可控数量方法中筛选创意，因此，它主要用于头脑风暴。PMI 法快捷、直觉化的特点，在早期的创意产生阶段得到最充分的发挥。

（3）实施的步骤

①分别列出每个创意与想法的正面特征和负面特征，并分别用"＋"和"－"表示。

该想法的可取之处是什么（正面）？

该想法的哪些方面还需要改进（负面）？

该想法有趣的主要原因是什么？

②针对每个创意，你已经具备了以下这些信息。

正面特征：该创意的可取之处，即在进一步发展设计概念时有价值的特征。

负面特征：该创意的不可取之处，即不适用于进一步发展的特征。

兴趣点：该创意有意思之处，在目前情况下也许还不成熟，但可以进一步发展成为更好的创意。

③根据行动方针做出决策：是否需要将好的创意想法发展成设计概念？如果是，需要设计多少个概念？是不是可以将某些想法结合在一起？是否还需要继续想出更多创意？是否需要将有趣的点子和好的点子结合起来？是否需要进一步探索这些有意思的点子？如图 2-27 所示。

（a）大约10个早期创意

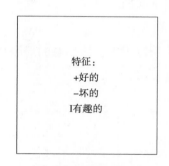

（b）为每个方法列举特征

（c）决定是将想法继续发展还是产生新的想法

图 2-27　逐条反馈和 PMI 实施步骤

注意在使用 PMI 工具分析时需要设计师敢于做出决策时，不能草率地下决定。诸如 PMI、C-BOX、逐条反馈和 vALUe 等决策方法，其最大作用是在决定摒弃哪些创意之前，全面认识了解所有可能的创意。

2.4.1.3 vALUe 法

（1）什么是 vALUe

vALUe 中的 A、L、U 三个大写字母分别指：优势（advantage）、局限性（imitation）及独特因素（unique elements）。此方法用于快速并系统地评估大量的早期创意。

（2）何时使用此方法

vALUe 法可以将早期的创意用通用术语进行表述，因此非常适合应用于设计的早期阶段中，尤其是在头脑风暴阶段中使用。对大量的创意进行筛选分类后使用vALUe 法最为有效。一般来说，从 50 个或更多的初始创意中可以筛选出 5~9 个较有前景的概念或概念组。它能帮助设计师更深入地理解与探索解决问题的空间。这不但能为解决该设计问题提供有价值的方向，还有助于设计师进一步理解"好"（有意思或有前景的）创意与"坏"创意。

vALUe 法运用盘点与清查的方式，帮助设计师回顾设计方案。在使用过程中，详细列出所有创意的优势、局限性及独特因素，设计师可以简单、方便地利用这些通用术语筛选所需的创意。不是一种选择工具，因为它不具备独立于创意之外的一套完整的设计要求清单。只能帮助设计师决定每个设计需求的重要性。

（3）实施的步骤

①发散思维，提出大量初始的创意或原理性解决方案，如图 2-28 所示。

②针对每个创意，回答以下问题：

该创意的优势是什么？（A）

计师回顾设计方案。在使用过程中，该创意的局限是什么？（L）

该创意具备哪些独特之处？（U）

（a）大约50个早期创意　　　　　　　　（b）每个想法回答以下问题

图 2-28　vALUe 法实施步骤

（4）方法的局限性

vALUe 存在一定的局限性，该方法并不是一种选择工具，因为它不具备独立于创意之外的一套完整的设计要求清单。需要注意的是，不同创意的优势可能体现在不同领域。例如，创意 1 的优势是轻便，而创意 2 的优势是制造成本低廉，此时就很难比较这两个创意并做出选择。因此，设计师要首先列出设计要求清单。就上述例子而言，要在开始阶段就设定产品在轻便性和成本上的要求，用一个最大值或某个范围来限制。例如，选择好的设计概念就像选用最适合的高尔夫球杆，哪根球杆最好，取决于你想如何去打这一杆球。vALUe 法能帮助设计师决定每个设计需求的重要性，如图 2-29 所示。

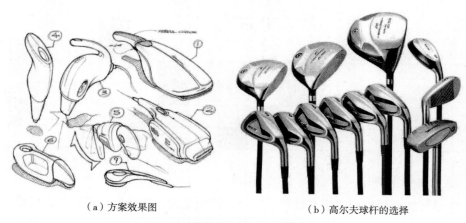

（a）方案效果图 （b）高尔夫球杆的选择

图 2-29 方案效果图和高尔夫球杆的选择

2.4.2 少量设计概念筛选

2.4.2.1 哈里斯图表

（1）什么是哈里斯图表

哈里斯图表能根据预定的设计要求分析并呈现设计概念的优势与劣势，主要用于评估设计概念并帮助设计师选择具有开发前景的设计概念。新产品概况是设计概念的优势和劣势的图形表示，见表 2-8。最初，新产品概要是作为评估和选择开发项目（新业务活动的想法）的有用工具。该方法也可用于产品开发后期的评估和决策。每个设计方案都须创建一个哈里斯配置文件。许多标准被用来评估设计方案。所有标准都采用四分制。决策者应自行解释尺度位置的含义，即 4-2=2（坏），4-

1＝3（中等）等。由于它的可视化表示，决策者可以快速查看每个设计方案在所有标准上的总体得分，并轻松地进行比较。

表2-8　哈里斯图标样例

项目	方案一				方案二				方案三			
	-2	-1	1	2	-2	-1	1	2	-2	-1	1	2
可控速度和方向	■				■					■		
安全性		■				■					■	
获得足够速度		■				■						■
简单基础建设	■					■				■		
易用性	■					■					■	
易接受性		■				■						■
独特的	■						■			■		
稳定的	■					■					■	
小型的	■					■					■	
弹性的	■						■			■		
有价值的		■				■					■	

（2）实施步骤

①尽可能全面地列出所有设计要求，并按照对设计项目的重要程度进行排序。

②将四个评分等级作为横坐标，每个设计要求作为纵坐标，绘制一张矩阵表。四个评分等级可用-2、-1、+1、+2表示。

③为每个设计概念绘制一张哈里斯图表，并依据设计要求相互对照评分。

④参照所有的设计要求细则为每个项目打分，并填入哈里斯图表。

⑤将所有填好的哈里斯图表放在一起，与利益相关者共同讨论并选出最有开发潜力的设计概念，如图2-30所示。

（a）确定设计方案

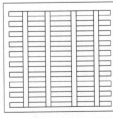
（b）确定标准要求列表

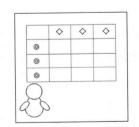
（c）对设计要求进行排序完成哈里斯图表绘制

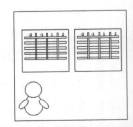
（d）对设计要求进行排序完成哈里斯图表绘制

图2-30　哈里斯图表法实施步骤

在哈里斯图表中，主要的设计要求按照重要程度依次排列，排在最上方的为最重要的设计要求。评定设定为偶数个等级，这样做可以预防出现中立项。在创意和设计概念未经细化的初始阶段，该方法十分有效：把涂黑的方块想象成一座高塔所需的砖块，通过图表可以分辨出"哪座高塔容易倒塌"，这样就很容易对方案的价值做出判断。避免在图表中使用色彩，也不要将不同的分数相加。归根结底，所有的决策方法都是为了激发团队在选择方案过程中进行充分讨论。如果在不同的哈里斯图表中的评估项目一致，但所得出的结果并不完全相同，则是因为设计要求的重要程度排序在两次评估中不同。因为通常不同的团队之间所关注的角度和重点也会有所不同。

案例：（硕士学位论文，徽派建筑元素在主题酒店景观设计中的应用研究，作者：何顺平，燕山大学）

徽文化主题酒店景观设计中的应用策略

哈里斯图表在景观设计的应用中，需要根据索要设计的景观要求的不同，罗列出重要的因素选项，并按照对景观设计的重要程度依次排列。依照哈里斯图表法的基本方法，我们可以较容易且合理的判断出优秀的设计案例。为研究分析做好前期工作。

步骤 1：尽可能全面地列出构成每个徽派建筑文化主题酒店景观设计案例的要素，并按照每个要素对此酒店景观设计的重要程度进行排序。

步骤 2：将四个评分等级作为横坐标，每个设计要求作为纵坐标，绘制一张矩阵表。四个评分等级可用 -2、-1、+1、+2 表示。

步骤 3：为每个徽派建筑文化主题酒店案例绘制一张哈里斯图表，并依据每个主题酒店对于实际情况的不同设计要求相互对照评分。

步骤 4：参照所有的徽派建筑文化主题酒店的景观设计要求细则为每个案例打分，并填入哈里斯图表。

步骤 5：将所有填好的哈里斯图表放在一起，分析评估结果并选出评分最高的景观设计案例。对两个酒店景观的分析进行举例说明，如图 2-31。

得到评分结果：黄山元一尚品酒店 -1-2-1-1+2+1=-2 分，黄山温泉度假酒店 1-1+2+1-1+1=3 分。黄山温泉度假酒店的分值显然比黄山元一尚品酒店分值高。且黄山温泉度假酒店的哈里斯图形稳固度比较高（即右侧图形中轴两侧的重量相当，重心比左侧图形稳固）。所以黄山温泉度假酒店比黄山元一尚品酒店更具有研究价值，如图 2-31 所示。

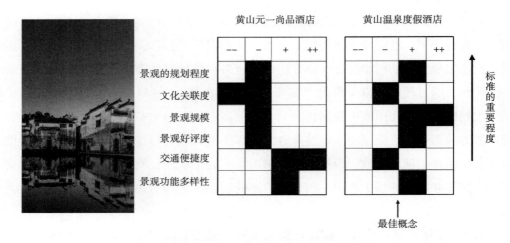

图 2-31 基于哈里斯图表的酒店方案筛选

2.4.2.2 基准比较法

（1）什么是基准比较法

基准比较方法最初由美国施乐公司在 1979 年提出。当时施乐公司由于日本企业的大举渗透，在美国复印机市场上的份额急剧下降。为了扭转被动局面，施乐公司制造部门的负责人带领一个小组赴日本企业考察，仔细研究竞争对手的产品设计、制造成本和生产过程。然后将竞争对手在设计、工艺、质量、成本、效率等方面的优异绩效和最佳实践量化为一系列的指标，作为比较和赶超的基准，对照差距，针对性地制订和落实赶超措施。最终重新恢复了在美国复印机市场上的地位。基准比较法已被大量企业用作产品设计、质量改进和绩效提升的标准工具。

基准比较法能帮助设计师利用设计标准评估设计概念。随机抽取一个设计方案作为基准方案，该基准方案客观地定义了中庸设计的每项标准。设计师可以参照该基准方案，比较其余不同设计方案，所得结果无非是高于或低于基准方案或与基准方案的表现相当，如图 2-32 所示。

（2）何时使用此方法

当一个产品概念的多个备选方案需要进行比较，在评估中达成共识或做出直观的决定时，就可以使用基准法。虽然它可以用于整个设计过程，但通常用于选择概念。

（3）实施的步骤

①将设计标准与需要进行比较的不同设计方案制作成表格形式。

②选择参照基准，如一个已经存在的产品。

③对照基准产品，比较其余设计方案各方面特点，其中："-"表示设计方案在

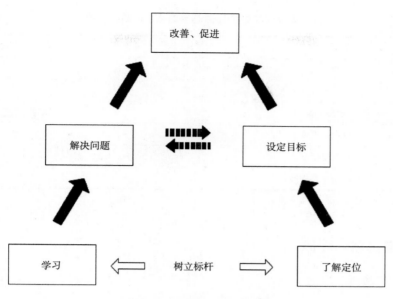

图 2-32 基准比较法流程图

此设计标准项中的表现低于参照基准;"+"表示设计方案在此设计标准项中的表现高于参照基准;"s"表示设计方案在此设计标准项中的表现与参照基准相当。

④比较结果:"+"越多、"-"越少说明设计方案的表现越好。如果"+""-"和"s"数量相当,则有可能是因为设计标准设置得太抽象或太模糊。

⑤选择一个新的参照基准,并重复迭代步骤③与步骤④,查看在上一步骤中表现最好的设计是否依然具备优势。

⑥重复步骤③、④、⑤(即选择多个参照标准与设计方案进行比较)直至在最佳设计方案上达成共识。

⑦为节约时间,每次比较都可以直接淘汰掉最差设计方案,如图 2-33 所示。

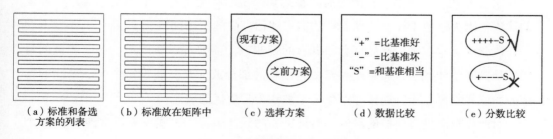

图 2-33 基准比较法实施步骤

基准比较法并不是精确数学证明,而是种辅助决策的快捷方法。设计师不能仅看某一单项的评分,而需要对设计方案的整体评分进行比较,见表 2-9。

表 2-9 以 C 酒店为基准的 A、B 酒店评价

项目	A 酒店	B 酒店
景观的规划程度	−	+
文化关联度	+	+
景观规模	−	+
景观好评度	−	+
交通便捷度	−	−
景观功能多样性	s	s

2.4.3 概念深入评估

2.4.3.1 产品概念评估

（1）什么是概念评估

产品概念评估是指有针对性地选择目标消费者，将产品概念描述给他们，获得消费者比较系统的评价与信息反馈，有时被称为概念测试。设计师可以运用产品概念评估了解目标用户和其他利益相关者对设计概念的评价，并依此决定设计方案中的哪些因素需要进一步优化，或对是否继续发展（Go/No-go）该设计概念做出决策。通常，这些评估发生在一个受控的环境中，在这个环境中，一组人员根据一系列预定的问题来判断产品的概念。这些评估服务于不同的目的：概念筛选、概念优化和去/不去的决定（Schoormans 和 de Bont，1995）。

概念筛选的目的是选出有价值的产品概念。当产生了大量的产品想法或产品概念时，就有必要使用。从这些产品的想法和概念进行选择，以进一步发展。通常，是专家（经理、工程师、营销人员）被邀请来进行概念筛选，而不是来自用户群体的代表，因为这通常涉及根据制订的需求评估产品的想法和概念。

概念优化旨在确定产品理念和概念的哪些方面需要进一步改进。这些测试的目的不是判断整体概念，而是产品想法和概念的部分或元素。假设每个产品概念的首选方面或元素可以相互连接，产生一个被认为是最优的概念。

对产品概念进行评估的目的是验证重要的设计决策。这些决策通常涉及 2~3 个产品概念之间的选择。设计人员可以根据需求规划做出决策，但有时需要让用户组验证这些决策，如图 2-34 所示。

（2）何时使用此方法

基于评估的目的，产品概念评估贯穿于整个设计过程。概念筛选通常涉及大量

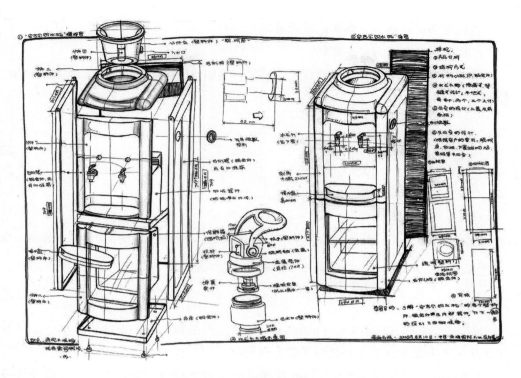

图 2-34　通过设计草图评估

（图片来源：除湿机设计草图　工业/产品　生活用品　manhuawuxian_ 原创作品–站酷 ZCOOL）

的产品想法和概念，因此在设计过程的开始阶段更频繁。概念优化发生在设计过程的末尾，此时需要对概念的各个方面进行改进和优化。

（3）实施的步骤

①描述产品概念评估的目的。

②选定进行产品概念评估的方式，例如，个人访谈、焦点小组、讨论组等。

③运用适当的方式表现设计概念。可以运用以下几种方法展示设计概念，文字概念、图形概念、动画、虚拟样板模型等。

④制订一个包含下列内容的评估计划：评估的目的和方式、受访者的描述、需要向受访者提出的问题、产品概念需要被评估的各个方面、测试环境的描述、评估过程的记录方法、分析评估结果的计划等。在制订评估计划时需要产品经理、工程师、市场专员等专业性较强的专家而非用户代表共同商议。

⑤寻找并邀请受访者参与评估。选择合适的参与者评估产品概念十分重要，被邀请的受访者应该符合设计项目前期预定的目标用户群。可以依据社会文化特点或人口学统计特征合理选择受访者。受访者对该类产品的了解程度也是一个非常重要的因素，可以简单地询问受访者对相似产品的使用经验。

⑥设定测试环境，并落实记录设备。

⑦引导参与者进行概念评估。

⑧分析评估结果，并准确呈现所得结果，例如，以报告或海报的形式展示结果，如图2-35所示。

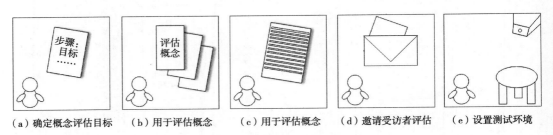

（a）确定概念评估目标　（b）用于评估概念　（c）用于评估概念　（d）邀请受访者评估　（e）设置测试环境

图2-35　产品概念评估实施步骤

（4）扩展

起源于3M公司的RWW（real-win-worth）产品概念评估方法，要求产品研发团队从三个方面来评估市场机会的潜力和风险。

①Real——这是真实的吗？该问题探讨的是潜在的市场是否真实存在以及能满足目标市场需求的产品的技术可行性，该问题引申出两个问题：市场真实存在吗？产品真的可以做出来吗？

②Win——我们能赢吗？该问题探讨的是企业和产品是否具备获取市场份额的能力以及产品是否能在市场中具备竞争优势，该问题引申出两个问题：产品是否具备竞争力？企业是否具备竞争力？

③Worth——这个值得做吗？从盈利能力、风险承受能力以及企业战略层面对市场机会进行更深入的评估。该问题引申出两个问题：产品是否具有可接受风险的竞争力？推出产品是否具有战略意义？

通过RWW产品概念评估方法，3M公司已完成1500多个项目，与此同时越来越多的公司，包括通用电气、霍尼韦尔、诺华等知名公司，都在使用real-win-worth来评估市场机会或产品概念的商业潜力和风险大小。

2.4.3.2　产品可用性评估

（1）什么是产品可用性评估

产品可用性评估是一种旨在验证产品—用户交互的评估。产品可用性评估或可用性测试可以帮助根据使用情况了解设计师的设计（想法或概念）质量。可用性被定义为特定用户在特定的使用环境中实现特定目标的有效性、效率和满意度。产品可用性评估主要是通过观察技术来完成的。用户被邀请一边完成任务，一边大声说话，或者与研究人员讨论他们的动机，而不是向用户展示一个粗略的草稿，然后问："你明白吗?"，设置可用性测试包括仔细地创建一个使用任务的场景，或者一个现实的情况，在这个场景中，人们使用被测试的产品执行一系列任务，而观察者则观察并做笔记。其他一些测试工具，如脚本说明、纸上原型及测试前后的问卷，可以用来收集对被测试产品的反馈。目的是观察人们如何以现实的方式工作，这样你就能察觉出问题所在，以及人们喜欢什么。系统地建立可用性评估是很重要的，并将评估作为正式的研究项目。

产品可用性方法当中有些是定量的测量，有些是定性的评估；有些是研究客观的人的行为，有些是研究主观的人的态度；有些是针对最终的使用者，有些则需要不同领域的专家作为评估者。方法的运用还要考虑到被测试系统的特点、产品的使用情境、各种资源限制（成本、生产周期、人力资源等）、后期数据分析等诸多因素。

在产品开发的各个阶段中，可用性工程（usability engineering）是在这整个过程中进行的一组活动，并且是在系统设计开始之前的概念开发阶段就要开展的重要工作。产品可用性评估主要用于验证产品的可用性，该方法能帮助设计师了解在现实使用情境中该设计（概念或创意）的质量，并在测试结果的基础上进行改进。

（2）何时使用此方法

产品可用性评估通常适用于设计过程中几个特定的阶段。在不同阶段中，需要对不同的项目进行评估。

①在开始阶段，需要测试并分析类似产品的使用情况。

②在设计的初始阶段，可以运用草图、场景描述以及故事板等方式模拟设计概念并进行评估。

③通过 3D 模型对造型和功能进行模拟评估。评估中期或终期的设计概念。

④对接近最终产品的功能模型进行测评。

（3）实施的步骤

产品可用性测试的出发点是需要调查现有产品的使用情况，或者验证（测试）新产品想法和概念的使用情况和易用性（可用性）。对现有产品进行产品可用性评估的结果通常是新产品必须遵守的需求列表。对新产品的可用性评估会产生一个关于使用新产品的有用和问题的列表，以及可以解决这些问题的改进方案。

①用故事板的形式表达预期的真实用户及其使用情境。

②确定评估的内容（产品使用中的哪个部分）、评估方式以及在何种情境下评估。

③详细说明提出的设计假设：在特定环境中，用户可以接受、理解并操作产品的哪些功能（即使用方式和使用线索的特征）?

④拟定开放性的研究问题，例如："用户如何使用这件产品？"或"他们使用了哪些使用线索？"

⑤设立研究：表达产品设计（故事板或实物模型等），确定研究环境，为参与者准备研究指南和研究问题。

⑥落实研究参与者并让其知悉研究的范围（如个人隐私问题等），进行研究并记录所有活动过程。观察有意或无意的使用情况。

⑦对结果进行定性分析（相关问题及机会）和（或）定量分析（例如，计算发生的频率）。

⑧交流所得成果，并根据结果改进设计。在评估过程中往往会出现许多设计灵感，如图2-36所示。

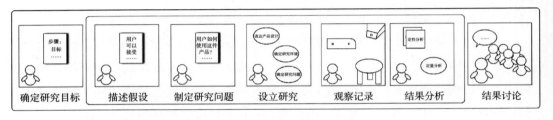

图2-36　产品可用性评估实施步骤

随着技术的发展，为给评估过程提供更加真实的环境，评估过程中交互方式也从基于传统的硬件设备技术不断地向基于语音识别、触控、动作识别、眼动追踪等新型技术扩展，与之对应的交互原型也从传统的键盘、鼠标等交互工具转向虚拟仿真的交互载体。

2.4.3.3　交互原型评估

（1）什么是交互原型评估

为了降低成本，在产品制作之前，可以快速制作一个简单的纸板模型，可以帮助设计师了解设计的工作原理及用户与该产品的交互行为。交互原型评估方法用来模拟测试用户与未来产品的交互。它能帮助设计师在设计概念发展的早期进行概念评估，促使设计师在概念发展阶段形成一个快速学习周期。

（2）何时使用此方法

交互原型评估可以运用于整个项目设计周期，但通常情况下与概念发展阶段制作的粗略原型配合使用最有效。设计师通常会为未来的目标用户与目标产品预设——种特定的交互方式。运用交互原型能快速实现该交互方式并能对设计师预设交互行为的可行性进行测试。通过这种方式，设计师能结合真实的用户反馈对设计概念进行迭代改进。交互原型也能帮助设计师更好地与客户交流未来产品的交互方式。

此外，交互原型还能将设计师带入产品与用户交互的各种情境。这些交互情境能为设计师提供与用户体验相关的具体产品信息（如使用场合、使用顺序、几何形态特征、材料品质等），从而改进设计大纲和设计要求，如图 2-37、图 2-38 所示。

图 2-37　评估产品结构模型

（图片来源：学生实践）

（3）实施的步骤

交互原型是在动手制作的过程中不断完善的。设计师可以运用这种方法灵活地想象并细化未来的交互方式。该方法将设计师及其团队的注意力集中于未来的交互方式上。小规模地使用该方法，一次性或重复使用皆可。设计师可以运用交互原型测试并观察用户对设计概念的感受，从而确定产品的设计特征，如物理形态、产品使用顺序等，也能从中看到设计中的知识空白。主要流程如下：

图 2-38　评估人机尺寸模型

（图片来源：学生实践）

①为预期的交互方式绘制一幅快速场景草图，即故事板。

②制作一个交互原型，即一个粗略、简单的模型，用来探索想表达的各种设计特征。

③邀请用户（或用户扮演者）如同使用真实产品一般使用该原型（模拟与产品的交互过程）。然后逐步调整改进最初的设计原型。不断重复该过程，直到得出一个令人满意的、能进入下一阶段发展的设计概念。在该步骤需要注意：关注用户的行为，而非其语言；观察者务必记录整个交互过程。

④评估观察所得的交互特点，例如，"用户和产品的互动方式很优雅"。将这些交互质量联系到产品设计中的各种属性上，按需修改设计，如图 2-39 所示。

（a）绘制故事板

（b）制作交互模型

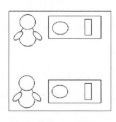
（c）邀请用户使用

（d）观察交互特点

图 2-39　交互原型评估实施步骤

（4）提示

用户可能会将该方法与产品可用性评估混淆。使用该方法能深入洞察设计师产品设计概念的交互体验特征。使用该方法所得结果有助于设计师进一步发展设计概念并将设计要求清单全面细化。

此外，要给自己预留一定的空间探索交互原型的不同形态。制作原型是一个快速的过程，尤其当设计师积累了一些经验以后。当设计师的能力达到一定程度后，可以让更多人参与到此方法中，例如，在客户会议中使用。尽量邀请一些有即兴表演或戏剧表演能力的人员参与。不过，这并不意味着非要找一个专业的演员或即兴表演者才能使用该方法。任何人都可以制作一个简单的设计原型并观察用户或用户扮演者与该原型的交互行为。所有的交互体验过程尽可能地用行为方式表达出来，避免过多使用语言对话。通常情况下，每个交互原型的使用和评估过程需要花费 2~4 个小时。

2.4.4 客观量化评价方法

2.4.4.1 情感测量

在市场竞争高度激烈的今天，产品设计已由市场为导向的方式转变成用户为导向的方式，以用户为中心的产品开发已成为一项重要的开发策略。在此思想下，产品设计领域出现新的研究焦点——情感设计。它是从情感认知衍生到设计范畴的提法，是对用户物质需求关注向精神需求关注的转折。所谓情感设计就是在设计过程中包含和表达情感，在保证产品基本功能的前提下，蕴含精神性的软性机能，即产品能够向用户传递情感信息，以激发用户心理上愉悦感的一种设计理念。迄今，以产品情感期望为中心的研究数量正处于上升趋势，产品情感设计及研究越来越受到重视，并已成为产品设计研究领域的热点问题。

在现有情感测量技术之中，按照所使用技术的不同，可以将其分为两大类：基于心理学的生理反应测量技术和心理反应测量技术。

基于心理学的生理反应测量技术，又称基于认知神经科学的测量技术，是依据人的大脑中枢神经活动或是与中枢神经活动相关联的生理反应进行测量的技术，是强调生物基础的一类测量技术。这种基于心理学的生理反应测量情感的技术在情感计算领域已经获得可喜的成果。例如，IBM 的情感滑鼠，压力传感键盘及各种各样可佩戴的传感器等自主神经系统测量器械成果的开发与应用。由于人类情感与某些外部特征的这种紧密关联性，以此出现了测量这类情感构成的专门测量技术：面部表情测量技术、声音表现性测量技术以及眼动追踪技术。

为了克服生理测量手段的局限性，基于心理学的心理反应测量技术被开发并被更为广泛地应用，主要包括言词式自我报告法和非言词式自我报告法。其中言词式自我报告法包括语意差异法、语意比较法、语义法、口语分析法等；非言词式自我报告法包括 PANAS 量尺法、PAD 测量法、产品愉悦测量问卷、PrEmo 测量法、Emocards 测量法、SAM 自我评估模型、心情看板测量法、Probe 探测法、PPP 测量法等，见表 2-10。

表 2-10　情感测量技术对照表

分类	方法	名称	测量性质	特点	不足
基于心理学生理反应测量技术	器械测量	IBM 情感滑鼠	定性	易于捕捉情感变化，测量结果可靠，不受文化、风俗等外部因素的影响，测量精度高	主要测量基本情感，如生气、发怒、快乐等，不利于给定情感的测量
		压力传感键盘			
		可佩戴传感器			
	表情与行为观察法	面部行为译码系统			
		面肌肌电图			
		情感提示器			
		眼动跟踪技术	定性+定量		
	综合测量法	多维评价技术	定性	多种生理测量仪综合使用	
	软件测量	VideoTAME			
基于心理学心理反应测量技术	言词式自我报告法	语意差异法	定量	依靠成对的感性形容词配合等级量表实现对情感的测量	不利于不同文化间的交叉研究
		语意比较法			
		语义法	定性	简单、直观地研究人的认知活动的方法	
		口语分析法			
	非言词式自我报告法	PANAS	定性	快速直观，可用于不同文化背景下的情感测量，能有效避免形容词的语义认知差异，适用于多种类型、不同强烈程度及任何给定情感的测量	测试者难于表达出刹那间所发生的情感状态
		PrEmo			
		Mood Board			
		Probe			
		PPP			
		SAM	定性+定量		
		Emocards	定量		
		PAD			
		产品愉悦测量问卷			

2.4.4.2 层次分析法

（1）什么是层次分析法

层次分析法（analytic hierarchy process，AHP）是一种将与决策总有关的元素分解成目标、准则、方案等层次，在此基础之上进行定性和定量分析的决策方法。它可以合理地给出每个决策方案的每个标准的权数，利用权数求出各方案的优劣次序，比较有效地应用于难以用定量方法解决的课题。

（2）实施的步骤

①针对产品设计决策问题，确定决策分析的目标层、准则层和方案层，获取相应的属性集或者指标集。

②采用 1~9 比率标度进行专家判断打分，获得针对不同属性集或者指标集的判断矩阵 A。

$$A = \begin{bmatrix} a_{11} & a_{12} & \cdots & a_{1(n-1)} & a_{1n} \\ a_{21} & a_{22} & \cdots & a_{2(n-1)} & a_{2n} \\ \vdots & \vdots & \cdots & \vdots & \vdots \\ a_{(n-1)1} & a_{(n-1)2} & \cdots & a_{(n-1)(n-1)} & a_{(n-1)n} \\ a_{n1} & a_{n2} & \cdots & a_{n(n-1)} & a_{nn} \end{bmatrix} \tag{2-1}$$

式中：a_{ij} 表示属性或指标 i 对属性或指标 j 的相对重要程度，$1 \leqslant i$，$j \leqslant n$，且满足 $a_{ij} = 1$，$a_{ij} = 1/a_{ji}$，a_{ij} 的取值采用 1~9 比率标度进行描述，其具体含义见表 2-11。

表 2-11 比率标度

比率标度 a_{ij}	内容与含义
1	指标 i 与指标 j 同等重要
3	指标 i 与指标 j 稍微重要
5	指标 i 与指标 j 明显重要
7	指标 i 与指标 j 十分重要
9	指标 i 与指标 j 极为重要
2，4，6，8	处于上述相邻状态之间
倒数	$a_{ij} = 1/a_{ij}$

③在判断矩阵 A 的基础上进行列归一化处理，使：

$$\overline{a}_{ij} = \frac{a_{ij}}{\sum_{i=1}^{n} a_{ij}} \tag{2-2}$$

④对归一化后的判断矩阵 A 的行向量元素进行和处理，获得行向量元素的

均值：

$$\bar{\omega}_j = \sum_{i=1}^{n} \bar{a}_{ij} \tag{2-3}$$

⑤将 $\bar{\omega}_j$ 进行归一化处理：

$$\bar{\omega}_j = \bar{\omega}_j \Big/ \sum_{j=1}^{n} \bar{\omega}_j \tag{2-4}$$

$$w = \{\omega_1,\ \omega_2,\ \cdots,\ \omega_{n-1},\ \omega_n\}^{\mathrm{T}} \tag{2-5}$$

即为所求特征向量。

⑥ 获得判断矩阵 A 的最大特征根：

$$\lambda_{\max} = \sum_{j=1}^{n} \frac{(Aw)_j}{n\omega_j} \tag{2-6}$$

⑦进行判断矩阵 A 的一致性检验，一致性指标：

$$CI = \frac{\lambda_{\max} - n}{n - 1} \tag{2-7}$$

一致性比率：

$$CR = \frac{CI}{RI} \tag{2-8}$$

其中，一致性指标 RI 的值可查表 2-12。

表 2-12　一致性指标 RI 的值选取

阶数 n	1	2	3	4	5	6	7	8	9	10	11
RI	0	0	0.58	0.90	1.12	1.24	1.32	1.41	1.45	1.49	1.51

⑧一致性比率检验，若满足 $CI < 0.1$，说明判断矩阵 A 具有较好的一致性；若 $CI \geq 0.1$，需要对判断矩阵 A 进行适当的调整。

⑨假设进行决策分析或者优化分析的层次数位 K，则最终计算得到的决策或者优选方案的优先次序的组合权重为 $w = \prod_{k=1}^{K} w^k$。

（3）层次分析法的优点

①系统性。将对象视作系统，按照分解、比较、判断、综合的思维方式进行决策。成为继机理分析、统计分析之后发展起来的系统分析的重要工具。

②实用性。定性与定量相结合，能处理许多用传统的最优化技术无法着手的实际问题，应用范围很广；同时，这种方法使决策者与决策分析者能够相互沟通，决策者甚至可以直接应用它，这就提高了决策的有效性。

③简洁性。计算简便，结果明确，具有中等文化程度的人即可以了解层次分析法的基本原理并掌握该法的基本步骤，容易被决策者了解和掌握。

（4）方法的局限性

①只能从原有的方案中优选一个出来，没有办法得出更好的新方案。

②该法中的比较、判断以及结果的计算过程都是粗糙的，不适用于精度较高的问题。

③从建立层次结构模型到给出成对比较矩阵，人主观因素对整个过程的影响很大，这就使结果难以让所有的决策者接受。当然采取专家群体判断的办法是克服这个缺点的一种途径。

案例：基于层次分析法的社区医疗服务 APP 设计

（来自：设计艺术研究，基于层次分析法的社区医疗服务 APP 设计，作者：王雅婷）

（1）构建社区医疗服务交互层次结构

交互设计除了有易用性、准确性、及时性这三种基本属性之外，结合社区医疗服务的特性，此次的交互设计还需要保护用户隐私以及完成各个平台之间的互通，即安全性和互通性。经以上分析，将社区医疗服务的交互体验需求，用层次结构分析模型表达，形成以构建社区医疗服务交互平台为目标，以五种交互原则为准则，以实现准则的具体任务为方案的交互层次结构，见表 2-13。

表 2-13　社区医疗服务交互层次结构

目标层	准则层	方案层
构建社区医疗服务的交互平台	安全性	（后台数据）个人身体健康数据、系统数据、药品数据、诊疗数据
	准确性	（平台信息）检索信息、个人信息、诊疗信息、医生信息、药品信息、反馈信息
	易用性	（用户需求）操作便捷、系统稳定、使用流畅、语言易懂、可撤销操作
	及时性	（使用流程）目标功能的实现、最新消息的呈现
	互通性	（平台对接）社区医疗服务方连通、社区医疗服务于用户连通

（2）专家调查

同时依据层次分析法的原理，根据表 2-14 比率标度来让专家为五个交互原则进行评价。在评价前对专家仔细说明，使专家对五个交互原则之间两两比较、打分，收集数据后获得层次模型判断矩阵，确保数据收集的效率和准确性。考虑到现实情况，此次专家调查采用线上问卷的形式，在调查之前与专家沟通并对问卷进行说明，避免因理解偏差导致判断出现问题。线上平台选用问卷星，收集的数据直接导出为电子版本，便于后期的数据整理和分析。

表 2-14 专家层次模型判断矩阵

7号专家					
项目	安全性	准确性	易用性	及时性	互通性
安全性	1	2	1/2	1/3	1/2
准确性	1/2	1	1/2	1/3	1/2
易用性	2	7	1	1/2	1
及时性	3	1	6	1	1
互通性	4	4	6	5	1

（3）数据整理和分析

主要是结合专家调查的结果，形成判断矩阵。这里以7号专家的数据为例，建立了判断矩阵的表格，见表2-14。

通过交互原则的两两比较，获得了专家关于两种交互原则之间重要性的判断。为了使数据更加可靠，将由比率标度法得到的数据进行指数标度的转化，根据两种标度法之间的转化关系，可以得到7号专家的指数标度的判断矩阵，为了方便表达以 A 来描述，之后，使用按列相加求和法，将判断矩阵 A 归一化，获得归一化判断矩阵 A'。接下来步将 A' 的元素按行相加，并再一次归一化，计算得到特征向量，见表2-15。

表 2-15 专家的归一化判断矩阵及特征向量

	7号专家											
项目	安全性		准确性		易用性		及时性		互通性		各项之和	特征向量
	A	A'	A	A'	A	A'	A	A'	A	A'		
安全性	1.000	0.045	0.146	0.015	0.193	0.021	0.146	0.027	0.493	0.192	0.300	0.060
准确性	6.836	0.309	1.000	0.104	0.193	0.021	1.000	0.185	0.493	0.192	0.810	0.162
易用性	5.194	0.235	5.194	0.540	1.000	0.108	0.253	0.047	0.253	0.098	1.027	0.205
及时性	6.836	0.309	1.000	0.104	3.949	0.425	1.000	0.185	0.333	0.120	1.153	0.231
互通性	2.280	0.103	2.280	0.237	3.949	0.425	3.000	0.556	1.000	0.389	1.710	0.342
总和											5.000	1.000

（4）一致性检验及确定权重

得到的特征向量需要通过一致性检验来验证数据之间逻辑关系的合理性，防止专家的判断过程出现前后矛盾的情况。鉴于数据较多，一致性检验采用在线平台WIS微思智能写作服务平台，对7号专家的判断矩阵 A 进行一致性检验。经平台计算通过了一致性检验，验证了7号专家判断矩阵的合理性，其他9位专家也以此平台进行计算，都通过了一致性检验，则进入下一步的权重计算。

通过对之前步骤中各个专家的特征向量进行加权计算，得到了各个交互原则的权重比例，基本得到了五个交互原则之间的比重关系，见表2-16。

表2-16 权重分布表

各项指标的专家特征向量					
项目	安全性	准确性	易用性	及时性	互通性
1号专家	0.094	0.167	0.349	0.227	0.163
2号专家	0.126	0.087	0.150	0.197	0.439
3号专家	0.270	0.323	0.068	0.270	0.068
4号专家	0.069	0.162	0.119	0.229	0.421
5号专家	0.522	0.025	0.065	0.144	0.244
6号专家	0.315	0.056	0.145	0.150	0.334
7号专家	0.060	0.162	0.205	0.231	0.342
8号专家	0.029	0.114	0.293	0.207	0.357
9号专家	0.093	0.187	0.235	0.048	0.437
10号专家	0.022	0.105	0.327	0.194	0.350
指标求和	1.600	1.388	1.956	1.897	3.155
权重	0.160	0.139	0.196	0.190	0.316

（5）权重分析

对已经确定的权重进行分析可知，互通性是权重最高的交互原则。因此，互通性就成为社区医疗服务APP设计中设计者最为关注的交互原则，这也符合社区医疗服务平台的设计初衷，即整合社区医疗资源解决社区居民的健康问题。同时，可以看到权重最低的是准确性。这并不能说明社区医疗服务的APP中信息的准确性不重要，而是相较于其他几个交互原则，准确性的排序较低。而且信息的呈现更多时候靠的是后台的输入，也并不是交互设计的重点解决方向，但这就要求作为服务方之一的社区物业需要承担起监督责任，保证信息的准确，避免影响用户的交互体验。除此之外，其余三个交互原则的权重排序是易用性、及时性和安全性。这也可以看出设计者在进行APP交互设计时，仍然把操作的简单易用放在比较重要的位置上，也提出社区医疗服务交互平台需要注意反馈及时和账户安全的问题。

2.4.4.3 模糊综合评价法

机械产品的设计方案存在较多的评价指标，各评价指标的相对重要性各不相同，且有时涉及的评价指标会具有模糊性，如经济性、安全性等，这类评价指标无法进行定量分析。传统评价方法对多指标的总体评价也存在着一定的不足。

模糊综合评价法是在模糊数学的基础上发展而来的一种综合评价方法，按照模糊数学的隶属度原则，该综合评价法用定量评价代替了定性评价。一个模糊综合评价的实例通常由五个部分组成：被评价对象、评价对象的评价指标、评价指标的权重系数、评价时采用的数学模型以及评价者。其一般步骤如下：

①确定模糊评价分析对象的方案集。

②确定评价指标选取原则，根据模糊评价分析对象的实际问题建立模糊评价指标体系。

③获取模糊评价分析对象的初始数据，对模糊评价指标体系下的评价指标进行规范化处理，使其具有统一的量纲。

④采用合适的权重分配方法对模糊评价指标体系下各个层级的评价指标进行权重分配。

⑤建立模糊评价分析的计算模型。

⑥基于模糊评价指标体系的层次性结构，对不同层次的评价指标进行综合加权分析，获取最终计算结果。

⑦根据最终计算结果进行评价对象的优选分析。

通常情况下可以采用两种方式建立计算模型，若评价指标能够有效地建立对应的模糊隶属函数，则可代人不同评价对象关于评价指标的量值，继而获得评价对象关于评价指标的模糊隶属度。若评价指标不能够有效地建立对应的模糊隶属函数，可考虑采用模糊距离的形式进行分析，即若存在两个模糊区间数

$$A = [a^L, a^R], \ a^L \leqslant a^R, \ B = [b^L, b^R], \ b^L \leqslant b^R \tag{2-9}$$

则两者的模糊距离为：

$$D_p(A, B) = [\ |a^L - b^L|^p + |a^R - b^R|^p\ ]^{\frac{1}{p}} / \sqrt[p]{2} \tag{2-10}$$

特别地，若 $p=1$ 时，模糊距离为海明距离：

$$D_1(A, B) = [\ |a^L - b^L| + |a^R - b^R|\ ]/2 \tag{2-11}$$

若 $p=2$ 时，模糊距离为欧氏距离：

$$D_2(A, B) = [\ |a^L - b^L|^2 + |a^R - b^R|^2\ ]^{\frac{1}{2}} / \sqrt{2} \tag{2-12}$$

案例（来自：信息技术，基于 AHP—模糊综合评价法的图书馆布局优化设计，作者，李虹）

通过改进的 AHP—糊综合评价法建立评价指标，对三种可行方案进行评价选择，获得最优设计方案。

（1）建立层次模型

结合实际情况确立图书馆评价指标并建立层次模型，如图2-40所示。

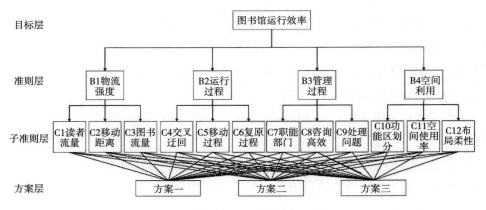

图2-40　层次模型

（2）计算权重值及一致性检验

根据实际情况构造三标度比较矩阵，从而构造出判断矩阵，获得各准则的权重向量。此处仅列出准则层B对目标层A的比较矩阵和判断矩阵分别见表2-17、表2-18。

表2-17　比较矩阵

A	B_1	B_2	B_3	B_4
B_1	1	2	2	2
B_2	0	1	2	1
B_3	0	1	1	0
B_4	0	1	2	1

表2-18　判断矩阵

A	B_1	B_2	B_3	B_4
B_1	1	4	7	4
B_2	1/4	1	4	1
B_3	1/7	1/4	1	1/4
B_4	1/4	1	4	1

通过计算，准则层B对目标层A的判断矩阵的最大特征根 $\lambda_{max}=4.0867$，一致性指标 $CI=0.0289$，平均随机一致性指标 $RI=0.8931$，故一致性比率 $CR=0.0325<1$，判断矩阵满足一致性要求。同理，计算子准则层C对准则层 B_1、B_2、B_3 和 B_4 的一致

性比率均小于 **0.1**，均通过一致性检验。同时，得到准则层权重向量为 $A =$（0.5882，0.1779，0.0560，0.1779），子准则层对应的权重向量为 $A_1 =$（0.6730，0.2583，0.1047），$A_2 =$（0.6730，0.2583，0.1047），$A_3 =$（0.6730，0.1047，0.2583）和 $A_4 =$（0.6730，0.2583，0.1047）。

（3）模糊综合评价计算

通过专家打分对三种方案分别从图书馆所有子准层方面进行等级评价，评价等级分为 A、E、I、O 和 U，构造出评价矩阵 R_i 如表 2-19 所示。先进行一级模糊综合评价得到准则层的评价矩阵 B_i：

$$B_1 = A_1 \times R_1 = \begin{bmatrix} 0.4330 & 0.2000 & 0.2000 & 0.1154 & 0.0517 \\ 0.0000 & 0.1363 & 0.1363 & 0.3000 & 0.4274 \\ 0.3363 & 0.2742 & 0.2000 & 0.1895 & 0.0000 \\ 0.3782 & 0.2637 & 0.1791 & 0.1532 & 0.0258 \end{bmatrix}$$

$$B_2 = A_2 \times R_2 = \begin{bmatrix} 0.1677 & 0.2621 & 0.2000 & 0.1719 & 0.1911 \\ 0.1089 & 0.1000 & 0.0637 & 0.2637 & 0.4637 \\ 0.3138 & 0.3154 & 0.1483 & 0.1483 & 0.0742 \\ 0.4000 & 0.2637 & 0.1363 & 0.1258 & 0.0742 \end{bmatrix}$$

$$B_3 = A_3 \times R_3 = \begin{bmatrix} 0.5225 & 0.2258 & 0.2000 & 0.0000 & 0.0517 \\ 0.4209 & 0.2258 & 0.1742 & 0.1791 & 0.0000 \\ 0.5105 & 0.2895 & 0.2000 & 0.0000 & 0.0000 \\ 0.4161 & 0.2895 & 0.1154 & 0.0000 & 0.1791 \end{bmatrix} \qquad (2\text{-}13)$$

再进行二级模糊综合评价最终求得评价对象的总体评价向量 W，其代表着某方案的在 A、E、I、O 和 U 五个评价等级的权重，分别赋值分数为 95、85、75、65 和 55，计算评价对象的评价分数 F，见表 2-19。

表 2-19　评价矩阵

方案	方案一					方案二					方案三				
准则 C	A	E	I	O	U	A	E	I	O	U	A	E	I	O	U
C_1	0.5	0.2	0.2	0.1	0	0.1	0.2	0.2	0.2	0.3	0.6	0.2	0.2	0	0
C_2	0.2	0.2	0.2	0.2	0.2	0.4	0.2	0.2	0.2	0	0.3	0.3	0.2	0	0.2
C_3	0.6	0.2	0.2	0	0	0.5	0.3	0.2	0	0	0.6	0.2	0.2	0	0
C_4	0	0.1	0.1	0.3	0.5	0	0.1	0.1	0.3	0.5	0.4	0.2	0.2	0.2	0
C_5	0	0.2	0.2	0.3	0.3	0.3	0.1	0	0.2	0.4	0.4	0.3	0.1	0.2	0
C_6	0	0.2	0.2	0.3	0.3	0.2	0.2	0.2	0.2	0.2	0.4	0.2	0.2	0.2	0
C_7	0.3	0.3	0.2	0.2	0	0.2	0.3	0.2	0.2	0.1	0.5	0.3	0.2	0	0
C_8	0.4	0.3	0.2	0.1	0	0.3	0.2	0.2	0.2	0.1	0.6	0.2	0.2	0	0

方案	方案一					方案二					方案三				
准则 C	A	E	I	O	U	A	E	I	O	U	A	E	I	O	U
C_9	0.4	0.2	0.2	0.2	0	0.6	0.4	0	0	0	0.5	0.3	0.2	0	0
C_{10}	0.3	0.3	0.2	0.2	0	0.4	0.3	0.1	0.1	0.1	0.4	0.3	0.1	0	0.2
C_{11}	0.4	0.2	0.2	0.1	0.1	0.4	0.2	0.2	0.2	0	0.3	0.2	0	0	0.2
C_{12}	0.8	0.2	0	0	0	0.4	0.2	0.2	0.1	0.1	0.8	0.2	0	0	0

方案一、方案二和方案三总体评价向量和评价分数分别为：

$$W_1 = A \times B_1 = (0.3408, 0.2042, 0.1849, 0.1591, 0.1110) \tag{2-14}$$

$$W_2 = A \times B_2 = (0.2067, 0.2365, 0.1615, 0.1829, 0.2124) \tag{2-15}$$

$$W_3 = A \times B_3 = (0.4848, 0.2407, 0.1804, 0.0319, 0.0622) \tag{2-16}$$

$$F_1 = 80.047 \tag{2-17}$$

$$F_2 = 75.422 \tag{2-18}$$

$$F_3 = 85.540 \tag{2-19}$$

利用改进的 AHP-模糊综合评价进行优选，可知方案三分值要高于方案一和方案二，故选方案三作为布局优选方案。

各种类型的评价方法只是经由不同手段和途径来处理评价问题的一系列操作方式和流程。由于设计评价问题所涉及的因素日趋复杂，评价方法改进、创新以及融合的过程也日渐加快，单一的定量与定性的评价手段已经很难准确反馈产品的特点。将各种评价方法整合联系，将定量与定性、理性与感性、经验与直觉的因素有机地融入其中。

第3章

设计能力

在设计能力这一单元，我们将介绍一些方法、技巧和思考等，它们不归于设计过程中的某个特定阶段，而是具有普遍意义的，适用于理论学习和实践设计。本章内容仅提供了入门知识，感兴趣的设计师后续可以继续进行拓展学习。

3.1 计划与设计

3.1.1 什么是计划

计划就是分析计算如何达成目标，并将目标分解成子目标的过程及结果，计划是对未来活动所做的事前预测、安排和应变处理。例如，网络计划、时间表计划和待办事项列表等。如图 3-1 所示为项目计划。

3.1.2 什么时候计划以及为什么要计划

通常，优秀灵活的计划可以促进设计的过程（或任何其他的过程）。当设计任务大而复杂，无法提前进行概述时，制订一个好的计划是十分困难和复杂的，但是值得的，特别是团队工作时，计划是划分团队内活动和管理团队成员间合作的重要依据。

3.1.3 如何制订计划

计划既可以预先安排所有的活动，也可以只列出当天的工作清单。每一个计划首先，从建立明确的目标开始，包括确定最终目标（例如，是实体产品还是数字产品？是否涉及服务？）和中间目标；其次，确定设计方法；最后，确定实施方案并

TO: 尚总/秦总/开发部/市场部/验证部 /PMC/采购部/工模部 Fr: 张久勤					Date: 2010.10.11 Ver: V01

P174—汽佳宝V70产品设计及开发计划进度表

标识号	任务名称	工期	开始时间	完成时间	资源名称
1	1 P174—汽佳宝V70产品设计及开发计划	48 days	11月26日	1月20日	
2	1.1 产品详细设计	36 days	11月26日	1月6日	
3	1.1.1 结构设计	9 days	11月26日	12月6日	
4	1.1.1.1 结构设计	4 days	11月26日	11月30日	郭亚强
5	1.1.1.2 结构图评审、修改	2 days	12月2日	12月2日	戴志鸿、曾诚、谌勇超、叶伟恒
6	1.1.1.3 结构手板打样（2套）	3 days	12月3日	12月6日	陈伟华、郭亚强
7	1.1.1.4 结构设计完成	0 days	12月2日	12月2日	
8	1.1.2 电子部分设计	14 days	11月29日	12月14日	
9	1.1.2.1 设计原理图	4 days	11月29日	12月2日	陈少山
10	1.1.2.2 PCB设计、评审、修改	10 days	12月3日	12月14日	陈少山
11	1.1.2.3 PCB设计完成	0 days	12月14日	12月14日	
12	1.1.3 方案公司软件调试	20 days	12月15日	1月6日	叶伟恒
13	1.1.4 设计评审	1 day	12月15日	12月15日	戴志鸿、曾诚、李东成、李鹏、
14	1.1.5 设计全部完成	0 days	12月15日	12月15日	
15	1.2 样品制作	31 days	12月15日	1月19日	
16	1.2.1 模具设计及制造	23 days	12月22日	1月19日	
17	1.2.1.1 部件塑胶模设计及制造	22 days	12月22日	1月15日	谌勇超
18	1.2.1.2 第一次试模	1 day	1月17日	1月17日	谌勇超
19	1.2.1.3 模具制造完成	0 days	1月17日	1月17日	
20	1.2.2 样品物料准备	15 days	12月15日	12月31日	
21	1.2.2.1 电子长周期备料(尾线,主IC,新物料)	15 days	12月15日	12月31日	陈伟华
22	1.2.2.2 PCB第一次打板	2 days	12月15日	12月16日	陈伟华
23	1.2.2.3 采购完成	0 days	12月16日	12月16日	
24	1.2.3 样品制作	29 days	12月17日	1月19日	

项目: P174—汽佳宝V70 日期: 2010.10.11 经理: 李东成	关键	拆分	比较基准里程碑 ◇	项目摘要
	关键任务拆分	任务进度	里程碑 ◆	外部任务
	关键任务进度	比较基准	摘要任务进度	外部里程碑 ◆
	任务	比较基准拆分	摘要	期限

制表: 张久勤	会签:	批准:	第 1 页

图 3-1　项目计划举例

实施，保证中间结果和安排调整计划，确定何时完成哪些工作，以保证按时完成最终目标或者中间目标，明确各工作间的关系，明确必须串行还是可以并列进行。执行计划的难点是坚持计划和管理计划，定期检查计划时间表与现实进度情况，检查各阶段的工作是否准时完成并获得预期效果。

对于最终目标和中间目标的计划，可以使用 SMART 方法：

S——specific：明确性，目标应该是具体和详细的，而不应该过于抽象和笼统的（例如，"我想创造一个更好的世界"，而不是"我将设计一些东西，让用户 x 有机会获得 y"）。

M——measurable：衡量性，目标应该是明确的，而不是模糊的，应该有具体数据，作为衡量是否达到目标的依据（例如，"我将提出至少 5 个想法"，而不是"我将提出几个想法"）。

A——acceptable：接受性，（与团队成员或与你的导师）在目标或各阶段工作成果上达成共识。

R——realistic：可行性，确保过程、设计或计划在要求的时间内成功完成（如果没有经验，请寻求支持！）。

T——in time：及时性，应该清楚何时（具体到天或小时）完成并获得结果。

3.1.4 技巧和注意事项

①小组合作：让计划可视化，筹划会议。

②通常应明确责任（谁负责什么?!）。

③每天或每周进行小结，进一步完善计划。

④计划并不是绝对或呆板的。建议你建立一个不同层次的抽象计划：第一，从大型活动的抽象计划开始；第二，把大的活动分解成小的；第三，基于前两个步骤，每周（或每天）写"待办事项清单"。

3.2 沟通与设计

在产品设计中，沟通是设计师的重要工作之一，采用何种方式取决于沟通的目的。例如，说服客户，希望客户认可产品，然后进行下一步决策，此时需要的是展示技巧，而不是与生产工程师讨论生产计划。

3.2.1 如何沟通设计成果

沟通模式取决于最终目的或目标（如说服、解释、指导、记录或讨论设计结果等）以及对象——目标群体（即受众）。同样重要的是，需要准备多长时间，以及观众愿意花多长时间。当传达设计结果时，注意使用最有效的沟通形式和结构。考虑想要表达的主要观点、次要观点以及表达的顺序。

设计成果的交流可以有以下形式：

①口头报告。例如，投影（用视频投影仪展示笔记本电脑或平板电脑里的数字文本和图像）；墙上的海报；3D 模型。

②书面报告。例如，文本和图纸，可供快速阅读的执行摘要，详细信息的附件。

③技术文件。例如，总装图、单幅图、3D 效果图。

3.2.2 成功沟通的要素

在确定设计结果的沟通方法之前，最重要的是明确以下问题：

①目的。沟通的目的是什么？例如，说服、告知、阐述一个想法、一个概念、

一个与用户交互的产品……在信息性的演讲中，设计师只展示事实，通常是因为听众需要这些信息来做出判断或决策。在说服性的演讲中，设计师需要提供证据来支持和强调你的观点。在启发性的演讲中，设计师的目标是提高听众在特定领域的技能。

②目标人群。受众群体是谁，受众的兴趣是什么？例如，客户、工程师、财务经理、大集团或个人……受众群体越一致，整理演讲越容易。

③环境。处于何种场合，拥有多少时间和具有什么可利用的方式？例如，一间有桌子的工作室、一个会议厅、机场候机室里的一把椅子、一小时、几分钟……

④方式。采用何种方式合适？例如，海报、3D 模型、投影仪、角色扮演、电影、声音、拼贴画、设计图纸、技术文件、报告……

⑤可行性。在现有的时间、手段等条件下能够实现什么方式？

3.2.3　沟通的形式

3.2.3.1　口头报告

设计师经常要为小团队做口头报告，例如，客户（即一个由项目经理、市场经理、研发人员和助理组成的团队）。当听口头报告时，受众欣赏：清晰的结构、切中要点的内容、扣人心弦的节奏、热情的风格、幽默的言语、3D 实体模型等，而更加反感那些逻辑不强、结构不明、声音不清、幻灯片不好、需要阅读大量书面文本、乏味的报告。

3.2.3.2　口头报告的一些指导原则

（1）内容和结构

①明确陈述的目标。

②制作和使用高质量的视频和音频。

③精彩的开场白（如何获得观众的注意？）。

④清晰的结构内容。

⑤好的结尾（例如，总结、展望等）。

（2）演讲技巧

①保持与听众良好的互动。

②使用良好的演讲技巧（练习！）。

③倾听自己的声音，注意音量、语调、发音、语速。

④使用适当的肢体语言（听众较平时多采用较大幅度的手势）。

⑤表现出参与感和热情。

⑥在正确的地方使用正确的手段。

⑦举例或列表。

3.2.3.3　书面报告

通常，设计师必须以文件或报告的形式来展示他们的工作。在项目中，提交关于设计的过程和进展情况的报告是非常重要的，以便接受来自教练和导师的建设性意见批评。书面报告的目的可以是解释设计（过程）或说服受众相信设计的价值和质量。在解释设计报告中，适合采用时间顺序。在说服报告中，可以采用逻辑顺序。

书面报告的指导原则如下：

①结构：每个报告都包含引言、主体和结论。

②内容：报告的内容要为目的服务。在解释设计报告中，应注意设计过程的相关阶段，确保没有遗漏关键点。

③布局：注重报告的布局，增加报告的可读性和吸引力。

④可视化：在解释设计时，使用一目了然的、清晰的视觉效果（如 2D 或 3D 草图和效果图）。记得说明在预期的环境中的预期用户如何使用设计。

3.2.3.4　技术文件

（1）目的

技术文件最重要的目的是准确记录设计，以便：

①评估设计结果（内部讨论或与其他部门讨论）。

②说明产品的生产，包括装配（面向生产工程师）。

③控制精度尺寸/测量。

④计算和讨论销售（例如报价）。

⑤说明维修和拆装。

⑥认证产品。

（2）规范

为了便于各方理解，技术文件必须符合国际标准或者行业标准，或者行业规范，这些规范有：

①绘制方式。

②部件表示。

③部件记录，有四种类型的图纸：总装（按约定！）、单幅图（按约定！）、3D

效果图、动画。

（3）注意事项

技术文件中的十条注意事项：

①所有的零部件描述完整。

②尺寸清晰。

③绘图人员（姓名）清晰。

④投影关系正确。

⑤视图数量有限。

⑥线型清晰。

⑦对称标注。

⑧形状确定。

⑨零部件可检测。

⑩零部件清单完整。

3.3 反思与设计

3.3.1 什么是反思

反思是重新考虑或思考某事（经验、理论、事件等）。设计是一个不断循环的过程：执行，意识到我们做了什么或想了什么，深思，想象在未来的情况下要做什么，再次执行，再次深思。反思过程要思考已经发生的和即将发生的，找出成功部分和失败部分，整个过程称为"反思"。在设计课程中，分为"对设计方法的反思"和"对个人设计行为的反思"。

3.3.2 为什么反思

学习如何设计是一个复杂的过程：设计是一项活动，需要多种技能、技术和方法，涉及多门学科。在设计项目时，需要通过不断的实践和反思，才能够更有效地进行设计，并提高你的能力。

3.3.3 反思设计方法（过程）

不同的设计方法会有不同的结果，例如，形态分析法通常能为技术问题找到基本解决方案；开始为一个原始问题绘制设计方案，但不能想出三个以上的解决方案时，像头脑风暴是非常有效的；当使用生命周期分析法（life cycle analysis，LCA）时，严格遵循反复自问的原则："在前一个主程序或子程序中，哪个程序影响了产品。"往往因为缺乏训练，或者选用了不当的设计方法，导致得到的方案不适合或者不满意，从而认为该设计方法"无用"。

3.3.4 如何反思设计方法

设计师一直在使用的设计方法是什么？使用它的经验是什么？哪些方面能触发创意思维？有什么建议吗？

到目前为止发生了什么？是如何使用这个方法的，有令人满意的结果吗？

为什么采用这种特殊的方式进行？

3.3.5 反思设计行为

个人设计行为导致结果不满意的两个例子：

设计师正在产生大量的想法，收集越来越多的信息，而时间却不够用。这可能是由于无法制订目标。反思自己的设计行为可以有助于提升洞察力，以便快速做出决定。

学生的设计容易迷失在细节中，从而失去对设计任务的概览。反思将有助于意识到这种行为，并寻找新的、更成功的设计行为。反思事情是如何发展的，结果是什么？当时的想法和感受是什么？由此产生了哪些问题和见解？进一步寻找改进的方向。

3.3.6 什么时候反思

及时反思，可以在完成特定活动之后，这个活动可以是一个应用的设计方法（例如，头脑风暴会议），也可以是一系列活动，例如在特定设计阶段完成的活动。定期反思，可以选择在一天结束或者一周的最后一天进行。

3.3.7　如何反思

体验学习的过程如图 3-2 所示。

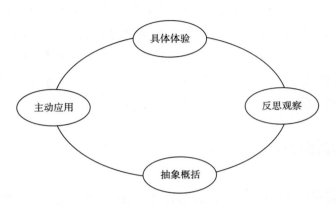

图 3-2　Kolb 的体验学习过程（Buijs，2003）

（1）经历（意识）——具体体验

记录下你经历过的重大事件，可能与设计方法直接相关，也可能与特定事件、设计挑战或疑惑有关。通过报告自己的经历，可以加强意识。

（2）理解（分析）——反思观察

通过质疑自己来解读事件。判断什么原因导致了结果？有哪些理论依据？个人意见是什么？了解类似的情况吗？

（3）继续设想（综合）——抽象概况

自问自答，并寻找对本项目的下一步活动或新项目有用的答案。例如，将如何处理类似的情况？什么时候得到了自己想要的？如何实现自己想要的？

（4）应用（性能）——主动应用

在下一个设计活动、阶段或项目中运用自己的洞察力。依此类推步骤（1），这是一个连续的循环过程！

步骤（4）应用实际上并不是反思的内容，但它是循环学习中重要的一步。

上述过程也可简化为：What，So what，What's next？如图 3-3 所示。

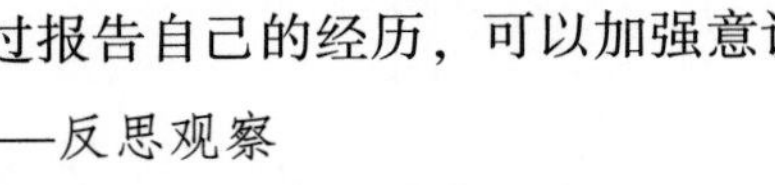

| 什么 | + | 那又怎样 | = | 接下来如何 |
| 现在 | | | | 未来 |

图 3-3　反思过程（Marc Tassoul）

①什么？

②你记得哪些事件和项目？列出所有注意到的事情，不需要进行任何解释或细化。这只是一份值得思考的有趣的主题列表。

③那又怎样？

④首先，选择一些最有趣的或关联性高的项目（通常 3~7 件），然后把它们"拆解"，比如"我为什么会注意到？效果如何？这一步做得好吗？有成效吗？我是遇到麻烦了吗？它为什么会成功？"等。通过这种方式，逐步理解事件或项目。

⑤接下来如何？

⑥关于②中产生的思考，决定了下一步该如何行动，有助于学会下次如何处理这类问题，也可能改变你的设计过程，也可能只是发现你的方法确实有效，当你下一次遇到类似的情况时，就会记得这个过程了。

3.3.8　技巧和注意事项

①在适当的时候反思，而不是在项目结束的时候，如在使用一种方法之后，或者在设计过程出现显著变动的时候。应该在文档中记录下对项目的反思（通常是每周一次），说明这个过程是如何发生的，使用了什么方法，如何使用这些方法以及它们在哪些方面进行了哪些不同的应用。

②区分对设计方法的反思和对个人设计行为的反思。

③在考虑设计方法时，为了更好地掌握设计方法，请参考相应的文献资料。

3.3.9　如何评估反思

①反思是否表明你已理解了这个方法？

②采取某些程序的理由是什么？

③在设计过程中，你是否正确地反思了所有相关的步骤？

④你洞察到了该方法的可用性了吗？

⑤你是否正确地运用了这种方法？如果运用不正确，你是否已意识到并进行了改变？

⑥你是否具备了运用全局观进行自我评估的能力？

3.4　策略与设计

在设计课程中，应对设计的过程给予足够的重视。在整个设计周期中（包括设计过程的结构化阶段模型、形态分析、策略评估），设计方法和技能不仅有助于设计师设计出定义明确的优秀产品，也有助于设计师获得预期的结果。产品构思阶段始于分析阶段（定义问题，分析目标群体等）之后，并在概念开发阶段前结束。在此期间的许多决策都会影响最终结果。

概念设计可以分为概念形成和概念开发两个部分。概念形成使用的技术和方法有头脑风暴、形态分析和思维导图等，但概念开发还没有成熟的配套技术。在不确定性因素、存在变数和一定压力的情况下，"试错"似乎是一种不错的方法。如果所有事情都集成在一起，找到了所寻求的平衡点，这一阶段以一种"我找到了!"的状态作为结束。出现集成问题越复杂需要的信息越详细。理论上仍然可以在部分设计过程中使用上述设计方法和技术，但现实情况还要复杂得多，每一个活动都将影响最终结果。成本、可加工性、材料选择、构造、使用场合和表现形式等因素都相互影响，给设计师造成巨大压力。识别阻碍学生在正确时间做出正确决策的"陷阱"，深入了解这些"陷阱"并掌握克服它们的"技巧"，将有助于成功完成设计。

3.4.1　陷阱（Traps）

3.4.1.1　狭隘视角

当遇到多个设计问题时，设计师可能会倾向于从最容易的部分开始，并把精力过多地放在解决该问题上，而忽略了它与设计的其他方面的关系。例如，设计产品时专注于形状而忽略了生产方法或可用性，直至项目结束或与项目组成员讨论时，才发现后面的内容否定了或者限制了前面的解决方案时，就不得不修改或放弃该方案，从而浪费了大量的时间和精力。在投入大量时间和精力之前，请尽早认识到这种影响，不要过度专注于某个方面或问题。

3.4.1.2　补偿行为

不确定性因素、缺乏经验、知识和信息，再加上项目的截止日期，可能会迫使设计师采取补偿行为。尽管他意识到这些问题很复杂，很难解决，但又不情愿强迫自己去解决这些问题，而是用复制的信息完成结项报告。

更多设计师会倾向于回避解决真正的问题，而是选择做出补偿行为。

3.4.1.3　错误的解决方案

对于特定的设计问题，大多数人都知道应该开发多种方案，以便评估时选择一个最优方案。例如，如果必须设计铰链，设计师通常会给出一份完整的铰链解决方案列表，比如钢琴外壳的铰链、普通门的铰链、焊接铰链、塑料盒的断裂铰链、简单的销和衬套、由 POM 制成的塑料铰链等。列出这个清单后，因为产品是塑料的而淘汰了焊接铰链，因为安装时间长而淘汰钢琴铰链，因为强度差而淘汰了卡扣铰链，因为形状不好而淘汰了简单的销衬铰链，因为占用太多空间而淘汰了门铰链，选择最后剩下的解决方案，因为它简单、便宜，又比较适合产品的塑料底座。所有被拒绝的解决方案实际上都是"错误"的解决方案。实际上，你以做出负责任的选择为借口，自动地包含了不是解决方案的方案。

3.4.1.4　钳制

"钳制"常常是无意识的。当你已经开发了产品，但不想放弃它时，就会发生钳制。在某种程度上，由于视野狭隘，在 A 问题或者 A 方面中已经投入大量精力和时间了，为了避免重新设计，A 方案就很难轻易放弃，如果设计已通过初步审查，那 A 问题或 A 方面就会凌驾于所有其他问题或其他方面之上，并认为比建造、成本、组装、人体工程学等问题更重要。由于其他尚未被认识到的问题仍然依附于这个 A 方案，这就造成了一个更大的难题，即其他方面的方案必须匹配与前面已经通过审查的 A 问题的 A 方案。由于 A 方案的"钳制"作用，整个设计方案就无法达到最优化。

3.4.1.5　抑制个人发展

在学习设计的早期，概念开发时的另一个陷阱是你定位了自己的角色——为项目负责人服务。课堂上，你会经常问项目负责人"我应该怎么做？""我应该做多远？"，或者"这样可以吗？"这份报告好像是为项目负责人而做的。还有，设计人员需要记住，并非所有方法在任何时候都有效。例如最佳的人体工程学尺寸并不总是有意义的，火车上的折叠式座椅不是用来坐上几个小时的，它受到了空间的限制。这类事情限制了个人的贡献，抑制了个人的发展。

123

3.4.1.6　推迟决定

在很多情况下，推迟决定可能是正确的，但随着时间的推移和最后期限的临近，这些问题必须解决。反复推迟决定会导致延期。如果必须设计一辆三轮车，那么立刻决定装备三个轮子而不是两个轮子或四个以上的轮子。如果考虑成本，客户不希望投资生产车轮，可以立即采取行动获取现有的、可获得的车轮，并可以快速地做出决定。

3.4.1.7　缺乏论据

通常情况下，项目负责人无法理解你为什么做此决定。直到最后，人们做出的决定似乎都是毫无根据的。例如，一位设计师画了八个不同的螺钉，然后决定选择螺钉a，但没有给出进一步的解释和论据。有时候一个决定是基于直觉，但这个问题显然与一个预先确定的基本原理、先前进行的一种分析或某种哲学有关。你在做任何事情之前必须问自己"为什么?"，经过充分研究之后，给出论据。

3.4.2　技巧（Tricks）

3.4.2.1　扩大视角

有时，研究问题不要仅限于这一个问题，而应把范围上升到更高层次，以便在其他领域中调查可能的决定。在扩大的视角下，你能够综合解决方案，并把它们集成为整体。在概念开发的早期，扩大视角也促进了改变，有助于区分主要问题和次要问题，从而制订战略计划。事件之间是相互关联的，展示的方法、创意的阐述会对决定产生影响。因此，展示设计中的细节，制作完整的截面，这些不仅利于负责人进行评估，也利于你更早地发现其他领域的问题。

3.4.2.2　改变

理论上，从概念开发到草图设计的过程中，任何事情都有可能发生。在设计过程中，你拥有了更强的洞察力、更多的信息和更多的经验，意味着改变已经发生了。关于设计的"试错"方面，前已述。以下口号对于一个设计师来说更具鼓舞性，比如"设计意味着跌倒和重新站起来""设计永远是向前两步和后退一步""设计是一个拼图游戏"。设计中选择的原理也不是一成不变的，不是必须坚持到底的，随着过程的发展，随时可能进行修改。

3.4.2.3　结构

复杂项目有时需要搭建结构。随着概念开发，设计内容越来越清晰，人们就会有意识地选择设计方向——就像走彩色的路一样，跟着特定颜色标记走一段距离，若跟随所有的颜色就会迷路或绕圈子。所以，事先要确认还有多少时间，以及必须实现哪些目标，这就类似于拼图游戏，要有个结构框架。当玩拼图游戏时，人们不会随便拿起一块来和其他所有的拼图块挨个进行比较，直到找到合适的那块。通常来说，人们会先进行结构分析，例如根据颜色将拼图块进行分类，并想象最终的样子，一般绿色的拼图块放在底部，蓝色的拼图块放在顶部。然而，一个预先设定的结构也可能起到了制约作用。经常会发生这样的情况：结构搭建和工作过程都很好，但结果却无法令人满意。因此，有时脱离结构限制，可以从完全不同的角度去研究问题，这也与扩大视角相似——远离结构限制，思路更开阔。

3.4.2.4　分析

在设计过程的每个阶段，先设置一些基本原则。进行形态分析不仅是找出各种形态，然后选择一个，而是在分析之前，就已经设置了一些基本原则，如"我希望设计对用户产生什么样的影响，该如何表达？""我可以在什么层次上查看设计，应该从什么层次开始？"，几乎在所有情况下，对问题或子问题的初始分析都有助于划定解决方案的范围，并创建一个结构，从而得到解决方案。有时在画草图勾画一种可能存在的结果的过程中，基本原则就逐渐显现出来了。

3.4.2.5　权衡

综合考虑所有的学科——设计是一项多学科的活动。找到对所有相关方面都满意的答案就是成功，很少有人能做到各方面都出色。设计是权衡设计、成本、使用、生产等之间的关系，找到满足确定的要求和愿景的优化设计，是制订策略的基本原则和目标。

3.4.2.6　知识、信息和沟通

知识是无尽的，而信息也总是存在的。在概念开发过程中，设计师需要摄取相关的信息和特定的知识。工业设计师的优势不在于他拥有多少知识，而在于与专家交流和寻找信息。我们身边的产品也是一个永久的信息来源。当遇到设计问题时，对现有产品的分析可以快速获得或生成解决方案。同样，通过对产品进行拆解和重组，设计师可以获得更强的洞察力和掌握现在使用的技术。除了依靠自己的知识外，

还可以向公司专家或者其他设计师咨询，另外从技术文件中也可以获得大量信息。

3.4.2.7 "做梦"

"做梦"是最后一个值得一提的技巧。设计不只是朝九晚五的办公室工作，设计问题应该 24 小时在你的脑海里盘旋，有时是有意识的，有时是无意识的。在刚进入睡眠时，大脑短暂地重新激活，可以从各个角度重新审视设计问题，这涉及扩大视角。例如，一位设计师在白天被各种问题压得喘不过气来，他会召开会议，听取他人的建议和意见，获取更多的信息，使问题变得更加复杂等，在准备进入睡眠时，大脑和身体处于安静放松的状态，设计师有机会重新思考问题，往往会产生一个新的影像，并在第二天解决一些细节问题。这个个例，意在证明"做梦"可以成为解决设计问题的一种工具。

设计中常见的"陷阱"和克服"技巧"如图 3-4 所示。

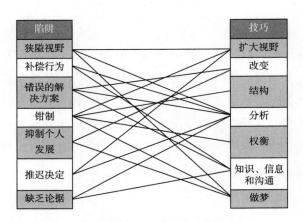

图 3-4　设计中常见的"陷阱"和克服"技巧"

3.4.3　策略（Strategies）

"陷阱"的提醒和"技巧"的使用可能会促进设计师反思，但概念开发是否有合适的某种方法或策略呢？

设计是从一个粗略的想法开始，然后朝着最终目标前进，在此过程中是逐步解决完善更多细节呢？还是一开始就考虑好所有的事情呢？一般，在设计初期应首先说明采纳该想法的理由：通过这一想法要实现哪些目标？这个想法有什么独特之处？使这个想法如此独特的内容是用户要求的吗？因为"它们只是想法"，往往更具有挑战性，而且一切皆有可能。当开发一个概念的时候，重要的是要证明或检查这个想法的可能性，这就明确了开发的起点，显然，预先确定开发的终点不是明智之举。

3.4.3.1 "鱼陷阱模型"（fish trap model）

维姆·穆勒（Wim Muller）是少数几个致力于概念发展的人，在他的《设计中的秩序与意义》一书中（2001），他描述了"鱼陷阱模型"，该方法分为三个阶段：结构阶段、定型阶段和材料阶段（the structural，formal and material phases）。在结构阶段，绘制变体（草图），然后对其进行分类。通过追踪类别内的共同特征，可以将每个类别中的代表性特征发展成为概念。在定型阶段，将实现早期开发的结构作为基础，产品根据材料具象化。在材料阶段，"想法"再次成为核心问题，特别是在面向制造时，要考虑更多细节，材料、制造方法和工艺等问题。穆勒这样描述了使用穆勒描述的"鱼陷阱模型"方法并不能保证避免前面所述的所有陷阱。但使用这种方法并不能保证避免前面所述的所有陷阱。然而，这种方法本身确实能最大限度地减少"钳制"和"狭隘视角"的影响，但是如果你盲目地遵循这种方法而不自我批评和反思，最终面临的风险就是与理想产品相去甚远。

3.4.3.2 Kees Dorst 描述的设计

基斯·多斯特（Kees Dorst，1997）教授研究了目前设计方法的性质和局限性。他开发了一种专注于设计实践方面的方法论，包括在设计项目中通过具体的设计任务经验学习、设计集成产品和采用适合的方法。这篇论文描述并审查了五种策略，研究背景是九名经验丰富的设计师在有限的时间内完成的实际设计任务。

（1）抽象—具体

该策略是建立在一定的抽象层面上，先定一个核心并考虑到设计问题的所有方面，是相当抽象的。然后，设计师再将其"落实"到更具体的层面，即实现。

（2）拆分—解决—整合

该策略首先将问题拆分为不同的子问题，然后解决子问题，再重新整合已经解决的这些子问题。这一策略在概念开发阶段似乎非常有用，因为最初的想法可以很容易地拆分为各个方面，然后必须更详细地阐述这些方面，因此可以被视为子问题。然而，经验证明，"重新整合"经常会带来新问题，个别问题是可以解决的，但整合它们不是一件简单的事情。

（3）采用—调整

该策略是基于采用已有的某种解决结构，然后将其转换到设计问题上。通过类比找到相应的解决方案，然后与原始的问题"匹配"，重新合并解决方案。该材料的缺点是：如果对设计问题分析不够彻底，就会很快做出各种各样的假设，并匆忙得出结论。

（4）优先—解决—调整

为了获得一个恰当的集成设计，该策略首先将设计问题分解成具有不同优先级的问题。首先解决优先级最高的问题，然后找到与之匹配的优先级较低的问题的解决方案。往往优先级高的问题处于主导地位，容易进入"钳制"陷阱。

（5）开始—纠正

该策略从发现问题开始，一旦出现问题就立刻纠正错误观点。它就像一个玻璃迷宫，玩家迟早会走出来，但如果运气不好，可能会花很长时间。

3.4.3.3　Kees Dorst 策略的评价

在需要限制一次性处理的信息量时，前两种策略特别有用。"抽象—具体"策略很少用于产品设计。当需要限制所有方面之间的连接数量时，后三种方法尤其方便。"采用—调整"的策略显然需要之前的产品设计经验，而刚入门的设计人员是没有设计经验的，而"开始—纠正"的策略针对性差，效率低。Dorst 的研究表明，使用"优先—解决—调整"策略的设计师取得了良好的结果。然而，与此同时，Dorst 还提到了，这些策略在同一设计任务中可以混合使用。此外，最后一种策略大概率不会获得太糟糕的结果。Dorst 指出，设计师必须坚持时刻反思自己的设计行为，保证设计的正确路线。

条条大路通罗马。设计中使用过程框架（就像拼图的边缘）可以保证设计人员所确定的想法是适合的。这种框架一方面是由需求列表形成的，另一方面是由设计师自己的观点形成的。由此可见，无论涉及什么设计问题，必不可少的要对问题进行事先分析。

分析时，设计师首先必须回答这样的问题："与这个问题相关的所有事情是什么？"诸如可操性、可控性、组装性或安全性等问题。问题不是独立存在的。第二步是找到各子问题的解。各种解决方案是可行的，但它们不能是"错误的解决方案"。一个问题解决方案的选择有时还取决于其他子问题，有时该问题的解决方案会在所有子问题都解决之后再确定。在寻找解决方案时，信息起到至关重要的作用，可以运用头脑风暴、形态分析、整合等方法，包括现有的解决方案（采用—调整）和解决结构。随时保有"扩大视野"的意识，经常思考所选择的路径是否正确。当所有的解决方案都被确定并整合在一起后，就可以认为这个概念开发完成了。

3.5 团队合作与设计

3.5.1 团队合作的重要性

在大多数情况下，伟大的发明往往是一群人的智慧和努力的结果。

如今，产品变得越来越复杂，很难由一个人独立设计完成。它们需要各种专业知识，涉及技术领域、用户研究、制造和生产技术以及销售和分销等方面。因此，设计和开发产品一般都是由团队共同完成的。

团队合作得越好，工作效率就越高。集成产品开发的理念是，不同职能和专业领域的人员在开发过程的早期进行协作，以便在概念阶段就能考虑到用户和生产的需求（图3-5），缩短产品上市时间，减低开发成本。

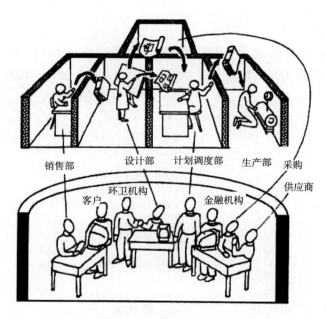

图 3-5　集成产品开发（Ehrlenspiel，1995）

跨学科合作有助于发现潜在问题，提前预防可以避免浪费时间和精力，减少成本等。一个好的团队是可以鼓舞人心，并激励个人成长的，但是建立一个高效的团队是非常困难的。

为了达成一致的目标，有时候团队中的某个成员不得不妥协，舍弃自己认为的好想法，团队内有不作为甚至拖后腿的人，这些都会消磨团队成员的精力和斗志，此时团队的效率可能还不如个人效率高。

但是团队合作是可以培养和训练的。由于项目的复杂性，团队成员的流动性，新产品开发的团队合作尤其具有挑战性。

3.5.2 团队合作注意事项

（1）团队合作

团队合作，分配任务。参与一份工作的人太多，就会导致没有人真正觉得自己对这份工作负有责任，通常每个人都认为其他人会做这件事，最终没有人真正做任何事情，这种情况在大型团队中更容易发生，又称为责任分散。为避免责任分散，明确分工并公布责任。确保分配给特定任务的人不超过实际需要。例如，集成产品开发，团队分成几个小组，一个小组三两个人负责特定任务，各小组又都在一起工作，这样既有助于协商合作，又有助于了解彼此的工作过程和进度，从而提高团队效率。

（2）团队发展阶段

建立一个最佳团队需要时间。根据塔克曼（Tuckman）的团队发展模型（图3-6），团队要经历四个阶段：形成阶段、动荡阶段、规范阶段和执行阶段。

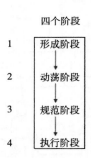

图3-6 塔克曼的团队发展模型

①形成阶段。人们礼貌、谨慎，希望了解彼此。

②动荡阶段。他们为了地位，为了让自己的意见得到采纳而相互竞争，内部出现冲突，经历过冲突后，成员彼此就更加了解，寻找相处和沟通模式，执行团队就进入规范化阶段。

③规范阶段。团队意识增强，队员合作态度明显，他们不再专注于个人目标，开始专注于建立一个合作的方式（工程和程序），团队进入执行阶段。

④执行阶段。团队热情高涨，合作默契，工作秩序流畅，属于高效输出阶段，

逐渐形成一个最佳团队。不是所有的团队一定要经历所有阶段，或者也有可能会在稍后的阶段再次遇到冲突和风暴。总之，建立良好的团队合作是需要时间的。团队管理者可以通过团建活动来缩短形成阶段，团队成员可以讨论目标和期望，使动荡阶段更明显，快速进入规范阶段。

（3）团队协调

多样化通常更有创造力，但也会使协调和达成共识更具挑战性。有很多研究表明，关于团队中在性别、年龄、教育或文化背景等方面多样化的影响是错综复杂的。普遍认为，多样化的团队拥有更丰富的经验和知识，往往会提出更多和更具创新的想法。但要形成共识会更加困难，沟通也更加困难。多样化的影响还取决于成员的个人偏好：那些喜欢复杂性、不怕困难的人，在多样化的团队中也能工作得更好；那些喜欢简单直接的人会觉得多样化令人不安和沮丧。尝试整合意见和分歧并做出决策，建立一个所有团队成员都感到恰当的统一目标和程序，这将有助于提高团队的凝聚力和效率。

（4）群体思维

"群体思维"指的是高度凝聚力的群体认为他们的决策无懈可击，任何事情都不会出错，他们认为自己比其他人都高明，相信自己天生是正确的，忽视与此不一致的信息。因此，他们无法思考备选方案，也不会考虑局外人的建议。防止群体思维的最佳预防措施是接受批评，并定期反思和质疑团队的工作，提出一系列建设性批评意见。

3.5.3 你能做什么

①明确你的目标。确保所有团队成员对项目有相同的目标和期望——这有助于保持动力，并尽早消除误解。把团队成员的个人目标融入集体目标中。

②在团队中创造一个开放的氛围，让大家可以放心地说出创新的、奇特的、新颖的、关键的（危急的、批判性思维、临界的）或尴尬的事情。团队越开放，就越有可能真正具有创新性。你可以把自己的批评变成建设性的建议，把别人的评论当成是对你想法的反馈和拓展，而不是攻击。

③技术和创造性方法的结合，团队合作和任务到人的交替进行。这些将提高团队成员的创造性输出，也为不同工作风格的个人提供了不同的工作方式。

④团队应定期召开回顾会议，讨论任务的进展和团队合作的质量。这有助于获得反馈并及早发现潜在问题。定期评估可以帮助团队了解哪些方面做得好，哪些做得不好，以及如何改进。

⑤面对问题，解决问题。如果团队成员有不同的想法，或者某些团队成员觉得自己不受重视或没有很好地融入集体，那么应尽早解决这个问题。有些冲突会随着时间的推移而消失，但如果能直接面对和探讨这些问题，大多数可以更快更有效地解决。最好的策略是语气和善、目标明确、保证公平、尊重对方，如此成员都会获得同样的尊重。通常，冲突大多可以在团队内部解决。当遇到难以解决的冲突时，如果已经尽了最大的努力，但没有一个令人满意的解决方案，可以积极寻求外部的专业指导和帮助。

3.6 探索信息与设计

工业设计师必须不断学习，了解并掌握完全陌生新领域的知识。为了快速获得相应的信息和知识，需要通过多种途径进行探索和学习，避免在一种方法上花费太多时间和精力，如果一种方法不能得到所需信息，请及时切换到另一种方法上。

最有效的搜索方法是结合搜索理论信息和文献，辅以与专家面对面的交谈。所以除了寻找理论知识，设计师还需要找到合适的人或公司，通过电话或拜访等方式，获取更多信息。探索方法如下：

3.6.1 图书馆

图书馆是通用的信息来源，还有专业图书馆（建筑、机械工程、农业、电信等）也是额外的信息来源。除了书架上的图书，图书馆还有其他探索途径。

3.6.2 论文

每一个毕业生都是从对他的学科进行透彻分析开始的。分析的范围往往远超出主题本身。目标群体的分析、附录和参考文献往往都是极为有用的资料来源，既可作为直接的知识来源，也可作为关于某一特定问题应向谁求助的索引。

3.6.3 讲义或笔记

在工业设计领域中你所学专业的作业、讲义和选修课的课堂讲稿有时也很有启发性。另外，看看是否能找到与本次设计主题有关的课堂笔记。

3.6.4 专家

在遇到难题时，你可以找在特定领域的专家，这些领域包括人体工程学、机电技术、计算机技术、触感技术等。

专家可以是科研人员，也可以是工程人员；可以在身边找，也可以在互联网上找。想想哪些人可能更了解你面临的问题，并与他们取得联系。

3.6.5 互联网

互联网是最常用来探索信息的工具之一。互联网上有大量的信息，你可以搜索关键词，使用不同的搜索引擎，寻找国家标准或者行业标准，查找行业协会，浏览各大学网站，甚至可以把你的问题发布在论坛上寻求帮助。

参考文献

［1］ Roozenburg N F M，Eekels J. Product Design：Fundamentals and Methods ［M］. Chichester：Wiley，1995.

［2］ 倪裕伟. 设计方法与策略——代尔夫特设计指南［M］. 武汉：华中科技大学出版社，2014.

［3］ Masahiro Takahashi. 从概念至产品——综合产品开发程序［M］. 香港：香港生产力促进局，1999.

［4］ 刘新. 实事求"适"［D］. 北京：清华大学出版社，2006.

［5］ 何顺平. 徽派建筑元素在主题酒店景观设计中的应用研究［D］. 秦皇岛：燕山大学，2016.

［6］ 林丽，阳明庆，张超，等. 产品情感研究及情感测量的关键技术［J］. 图学学报，2013，34（1）：122-127.

［7］ 王体春. 现代设计方法及应用［M］. 北京：电子工业出版社，2019.

［8］ 王雅婷. 基于层次分析法的社区医疗服务 APP 设计［J］. 设计艺术研究，2022，12（1）：137-143.

［9］ 李虹. 基于 AHP-模糊综合评价法的图书馆布局优化设计［J］. 信息技术，2022，46（1）：62-67，74.

［10］ 周苏. 创新思维与方法［M］. 北京：机械工业出版社，2021.

［11］ 李程. 产品设计程序与方法［M］. 北京：北京理工大学出版社，2020.